T0129806

Mit den Mathemädels durch die Welt

Jeanine Daems · Ionica Smeets

Mit den Mathemädels durch die Welt

Aus dem Niederländischen übersetzt von Matthias Löwe und Bettina Walden

Jeanine Daems
Ionica Smeets
Amsterdam, Niederlande

ISBN 978-3-662-48098-4 ISBN 978-3-662-48099-1 (eBook)
DOI 10.1007/978-3-662-48099-1

Die Deutsche Nationalbibliothek verzeichnet diese Publikation in der Deutschen Nationalbibliografie; detaillierte bibliografische Daten sind im Internet über http://dnb.d-nb.de abrufbar.

Springer Spektrum
Übersetzung der niederländischen Ausgabe: "Ik was altijd heel slecht in wiskunde: reken maar op de wiskundemeisjes" von Jeanine Daems und Ionica Smeets, erschienen bei Uitgeverij Nieuwezijds, Amsterdam,

Planung: Annika Denkert

Gedruckt auf säurefreiem und chlorfrei gebleichtem Papier.

Springer-Verlag GmbH Berlin Heidelberg ist Teil der Fachverlagsgruppe Springer Science+Business Media
(www.springer.com)

Vorwort

Wenn wir erzählen, dass wir Mathematikerinnen sind, ist die erste Reaktion meist: „In Mathe war ich immer schlecht" – oft gefolgt von der Frage, ob es nicht sehr wenige Frauen in der Mathematik gibt. Als wir 2006 mit einem Weblog über Mathematik, www.wiskundemeisjes.nl, begannen, erwarteten wir daher auch nicht sehr viel mehr Leser als unsere Kollegen und Freunde. Zu unserer Überraschung zeigten sich aber sehr viel mehr Menschen an Mathematik interessiert, darunter auch solche, die früher sehr schlecht darin waren.

Mathe ist natürlich viel mehr als die langweiligen Aufgaben aus der weiterführenden Schule. Es geht um Leute, die schlaue Sachen machen, um die spannenden Geschichten über diese Menschen und vor allem um die Schönheit großer Ideen. Für uns gibt es zwei Kriterien, um zu entscheiden, ob wir über etwas schreiben: Es muss etwas sein, das du auf einer Party einem Freund erzählen willst, und deine Mutter muss es auch verstehen können.

Dieses Buch ist voller Häppchen, die dies – unserer Meinung nach – erfüllen. Es besteht aus acht Kapiteln, jedes hat ein eigenes Thema. Das kann ein Teilgebiet der Mathematik sein (wie Wahrscheinlichkeitsrechnung oder Geometrie) oder ein übergreifendes Thema (etwa „schlaue Ideen"). Da jedes Kapitel eigenständig ist, muss man das Buch nicht von vorne nach hinten lesen. Manchmal verweisen wir zwar auf etwas, das wir schon vorher erklärt haben, aber die wichtigsten Begriffe können auch in einem kleinen Glossar im Anhang nachgeschlagen werden. Am besten betrachtet ihr dieses Buch als eine Art Ferienlektüre, aus der ihr das herauszieht, worauf ihr gerade Lust habt. Ab und zu sind am Rand kleine Chilischoten abgebildet. Sie geben an, dass diese Abschnitte etwas mehr Würze haben und ein bisschen tiefer gehen als der Rest. Sozusagen die Madame Jeanette der Mathematik, eine der schärfsten Chilischoten, speziell für Feinschmecker.

Es gibt eine Anzahl fester Rubriken, jedes Kapitel enthält zum Beispiel ein „Do-it-yourself", in dem ihr selbst loslegen könnt, Fraktale zu kneten oder Millionen von Gedichten zu konstruieren. In unseren „Kolumnen" (die früher in *De Volkskrant* erschienen sind) geben wir unseren persönlichen Blick auf Mathematik wieder. In „Sternschnuppen" beschreiben wir das Leben von Mathematikern, die auf merkwürdige Art und Weise ums Leben gekommen sind. Zudem geben wir Tipps für mathematische Bücher, Filme, Kleidung und Ausflüge. Darüber hinaus findet ihr in diesem Buch Rätsel, historische Fakten und eine ganze Reihe ungelöster Probleme. Wir haben versucht, die Geschichten, die in jedem populärwissenschaftlichen Mathematikbuch stehen, so gut es geht zu vermeiden, aber wir wollten solche Klassiker wie die Goldbach-Vermutung oder den Großen Satz von Fermat nicht unerwähnt lassen. Zuletzt wollen wir uns bei der Plattform Bèta Techniek und dem mathematischen Institut der Universität Leiden für ihre Unterstützung bedanken. Vor allem aber danken wir den Lesern unseres Weblogs für all ihre Tipps und enthusiastischen Reaktionen.

Wir hoffen, dass ihr nach der Lektüre dieses Buches sagt: „In Mathe war ich immer schlecht. Aber was ihr macht, das verstehe ich. Wie schön das Fach eigentlich ist!"

Viel Freude!

Ionica und Jeanine (die Mathemädels)

Inhaltsverzeichnis

Kapitel 1
Zahlenfolgen und Tapeten: Muster

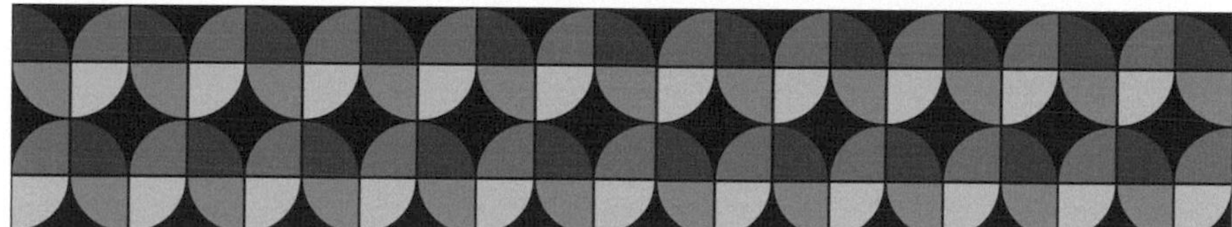

Wir beginnen dieses Buch damit, wovon Mathematik unserer Meinung nach eigentlich handelt: dem Erkennen von Mustern, dem Entdecken von Regelmäßigkeiten und dem Beweis, dass diese Regelmäßigkeiten tatsächlich *immer* auftreten. So ein Muster kann in Zahlenfolgen vorkommen, aber das muss nicht zwangsläufig so sein. Auch in Figuren, Veränderungen oder Ereignissen kann man Muster entdecken, über die man mathematisch gesehen etwas Interessantes sagen kann.

Zuerst besprechen wir Muster, denen du sicher schon einmal begegnet bist: Zahlenfolgen, die man in IQ-Tests lösen muss. Sind das eigentlich gute Aufgaben?

Visuelle Regelmäßigkeiten kann man in Tapetenmustern oder islamischen Mosaiken finden. Wie viele unterschiedliche Tapetenmuster gibt es? Und was bedeutet „unterschiedlich" genau?

Auch im täglichen Leben begegnet man regelmäßig Mustern. Zum Beispiel, wenn man lange auf eine Straßenbahn warten muss. Oft sieht man dann nicht nur eine einzige Bahn ankommen, sondern eine ganze Reihe hintereinander. Wie kommt das?

Und ist es wirklich das Effizienteste, Orangen regelmäßig aufeinanderzustapeln? Die Kepler'sche Vermutung behauptet das schon, aber hundertprozentig sicher ist es noch nicht. Genau wie die Collatz-Vermutung über ein einfaches Zahlenmuster ist sie noch immer nicht bewiesen!

Zufällige Zahlenfolgen ohne irgendeine Regelmäßigkeit kann man nur sehr schwer selbst produzieren. Dieses Wissen wird benutzt, um Betrugsfälle aufzudecken: Selbst ausgedachte Zahlen sind weniger zufällig als zufällige Zahlen und daher erkennt man sie.

In der Rubrik „Do-it-yourself" kannst du lesen, wie du deine eigenen Fraktale kneten kannst.

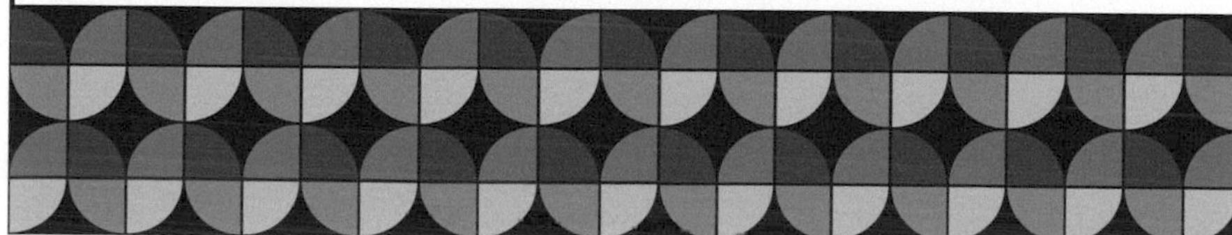

J. Daems, I. Smeets, *Mit den Mathemädels durch die Welt*,
DOI 10.1007/978-3-662-48099-1_1

Zahlenfolgen

Du kennst sie sicher gut. Zahlenfolgen sind ein fester Bestandteil eines jeden IQ-Tests. Was ist die nächste Zahl in der Folge 2, 4, 6, 8? Und in 1, 3, 6, 10? Die Folgen können natürlich auch noch viel schwieriger sein.

Aber für Mathematiker, die so einen Test machen, gibt es ein komplizierteres Problem: Sie wissen nämlich, dass eigentlich *jede* Antwort richtig ist!

Hä, wie kann das sein? In der Folge 2, 4, 6, 8 ... liegt 10 doch wirklich auf der Hand! Warum sollte auch eine andere Zahl richtig sein?

Es gibt noch eine andere Lösung: 2, 4, 6, 8, 6, 4, 2 könnte auch eine logische Fortsetzung sein. Oder 2, 4, 6, 8, 0, 2, 4, 6, ...: Dann schaust du immer nach der Endziffer der Zahl, die du erhältst, indem du 2 zu der vorigen Zahl addierst.

Jetzt kannst du zu Recht sagen: Das sind blöde Beispiele. Aber dem liegt ein grundsätzliches Problem zugrunde. Du musst aus ein paar Zahlen ein Muster erkennen und aus dem Muster wiederum ableiten, was die folgenden Zahlen sein könnten. Das Problem ist, dass so ein Muster niemals eindeutig durch eine gegebene endliche Zahlenfolge festgelegt ist.

Schauen wir kurz auf die Reihe 1, 3, 6, 10. Die Fortsetzung, die wahrscheinlich gemeint ist, lautet: 15, 21, 28, 36. Die Differenzen zwischen den Zahlen in der Reihe sind dann 2, 3, 4, 5, 6, 7, 8. Aber das ist nicht die einzige Möglichkeit. Wenn du in der Gleichung $\frac{1}{8}(-x^4+10x^3-31x^2+54x-24)$ nacheinander 1, 2, 3 und 4 für x einsetzt, erhältst du auch 1, 3, 6 und 10. Wenn du weitergehst und 5, 6, 7 und 8 einsetzt, erhältst du: 1, 3, 6, 10, 12, 6, -17, -69. Also ist 12 auch eine richtige Antwort, genau wie 15. Mehr noch: Für *jede* Zahl, die du nach 10 einsetzen möchtest, gibt es so eine Formel.

Eine andere schöne Art, die entsprechende Reihe zu beenden, benutzt drei Würfel. Mit drei Würfeln würfelst du immer mindestens drei Augen. Wie viele Möglichkeiten gibt es, eine Drei zu würfeln? Das gelingt nur, indem man eine 1 mit dem ersten Würfel, eine 1 mit dem zweiten und eine 1 mit dem dritten Würfel würfelt, also gibt es *eine* (1) Möglichkeit. Um vier Augen zu würfeln, kannst du 1, 1, 2 würfeln oder 1, 2, 1 oder 2, 1, 1. Das sind also drei (3) Möglichkeiten. Um fünf Augen zu würfeln, gibt es, jawohl, sechs (6) Möglichkeiten. Und um sechs Augen zu würfeln, gibt es zehn (10) Möglichkeiten. Auf diese Weise erhalten wir schon wieder die Reihe 1, 3, 6, 10 und als logische Fortsetzung die Anzahl der Möglichkeiten, sieben, acht, neun oder zehn Augen zu würfeln, und dann sieht die Reihe folgendermaßen aus: 1, 3, 6, 10, 15, 21, 25, 27.

Das alles bedeutet, dass bei einem IQ-Test auch erwartet wird, dass man das „einfachste" Muster wählen kann, wenn man mehr als eines erkennt. Und gib zu: Einschätzen zu können, was andere Menschen erwarten, ist natürlich auch ein Zeichen von Intelligenz.

Buchtipp Die Pythagoras-Morde

Der argentinische Schriftsteller Guillermo Martínez hat in Mathematik promoviert und auch in diesem Kriminalroman hat Mathematik eine wichtige Bedeutung. Die Geschichte spielt in Oxford (einer guten Stadt für Krimis!) und es gibt Tote. Ein argentinischer Student, der ein Stipendium erhalten hat, mit dem er nach seinem Abschluss ein Jahr in Oxford weiterstudieren kann (und der heimlich plant, von der algebraischen Topologie in die Logik zu konvertieren), gerät mitten in das Mysterium.

Die Todesfälle sind auf den ersten Blick alle nicht sehr verdächtig. Aber der Mathematikprofessor Seldom, der gerade ein Buch über logische Folgen publiziert und darin ein Kapitel über Serienmorde aufgenommen hat, scheint von dem Mörder herausgefordert zu werden: Er erhält Briefe mit Symbolen. Wie sieht das folgende Symbol aus und was sagt es über den nächsten Mord aus?

Guillermo Martínez, **Die Pythagoras-Morde.** Frankfurt am Main: Eichborn, 2005.

Rätsel Was gehört nicht dazu?

(Die Lösung steht am Ende dieses Buches.)

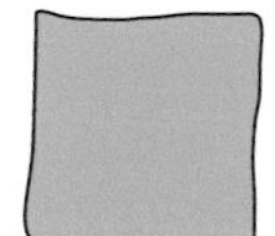    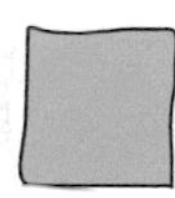

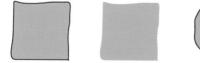

Do-it-yourself: Fraktale kneten

Du brauchst:

- zwei Farben Knete (zum Beispiel weiß und blau)
- ein scharfes Messer

Und so geht es:

1. Knete vier gleich große dreieckige Balken: drei blaue und einen weißen.

2. Staple die Balken zu einem großen Dreieck aufeinander. Schneide die unordentlichen Enden des Balkens vorsichtig mit einem scharfen Messer ab.

3. Jetzt kommt der schwierigste Schritt: Dehne den Balken langsam aus, sodass er länger und dünner wird, und pass dabei auf, dass er sein Muster stets beibehält. Mach so lange weiter, bis der Balken dreimal so lang ist, und schneide ihn dann in drei gleich lange Stücke.

4. Staple die drei neuen Balken um einen neuen, weißen Balken herum.

5. Wiederhole die Schritte drei und vier so oft du willst oder kannst.

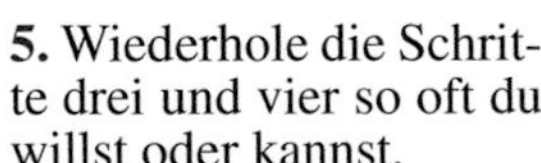

6. Wenn du den Balken in Scheiben schneidest, siehst du deine schönen Fraktale! Du kannst Ohrringe daraus machen. Oder du benutzt hellen und dunklen Kuchenteig und backst auf diese Weise Fraktalplätzchen.

Wer dachte sich diese Fraktale aus?

Wenn du Schritt 3 und 4 unendlich oft wiederholst, erhältst du das Sierpiński-Dreieck. Der polnische Mathematiker Wacław Sierpiński beschrieb 1915 dieses nach ihm benannte Fraktal: ein mathematisches Fraktal, das beim Heranzoomen immer gleich bleibt. Wie weit man das Sierpiński-Dreieck auch heranzoomt, es sieht immer gleich aus. Diese Selbstähnlichkeit ist charakteristisch für Fraktale.

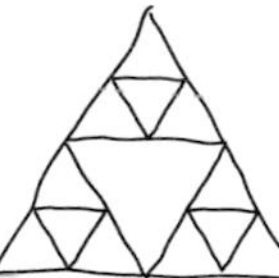

Küstenlinien, Grafiken von Börsenkursen und die menschliche Lunge sind in gewissem Maße auch selbstähnlich (in Wirklichkeit kannst du natürlich nicht unendlich weit heranzoomen). Indem wir Fraktale studieren, können wir auch diese Phänomene besser verstehen.

Der Romanesco ist nicht nur reich an Vitamin C, er hat auch eine wunderschöne Fraktalstruktur.

Ehrlich sein ist am einfachsten

Ab und zu kriege ich einen unbezwingbaren Drang, aufzuräumen. Dann klebe ich endlich Fotos von einer Monate zurückliegenden Städtereise ein, lege meine Kleidung in ordentlichen, sortierten Stapeln in den Kleiderschrank und verwandele das Chaos von Kassenzetteln und Rechnungen in eine säuberliche Buchhaltung. Besonders das Letzte läuft immer wieder auf eine Enttäuschung hinaus. Wenn ich eine Übersicht über meine Ausgaben mache, kann ich nie die richtigen Kassenzettel finden. Wie viel kostete das Statistikbuch noch gleich? Waren es 15 oder 20 Euro? Es ist verführerisch, dann zu schätzen, aber alle Mathematiker wissen, dass es sehr schwer ist, das gut hinzubekommen.

Die Ziffern und Zahlen, die Menschen sich selbst ausdenken, stimmen nämlich selten mit den üblichen Mustern überein. Wir sind extrem schlecht darin, zufällige Muster zu erstellen.

Ein Mathematiklehrer gab seinen Schülern einmal eine etwas merkwürdige Aufgabe. Sie durften auswählen: 200-mal eine Münze werfen und die Ergebnisse aufschreiben oder so tun, als ob sie eine Münze werfen, und sich selbst 200 Ergebnisse ausdenken. Der Lehrer konnte mit einem Blick auf die Ergebnisse sofort sagen, welche echt waren und welche nicht. Die gefälschten Muster waren viel zu regelmäßig, die echten enthielten zum Beispiel Folgen mit siebenmal Kopf hintereinander. Als Mensch neigt man dazu, nach ein paar Mal Kopf schnell wieder Zahl aufzuschreiben.

Bitte auch mal ein paar deiner Freunde auf einem Fest, sich so zufällig wie möglich in einem Raum zu verteilen. Dann stellt sich jeder ungefähr gleich weit von den anderen weg und der ganze Raum wird ausgezeichnet genutzt. Ein wirklich zufälliges Muster ist viel bizarrer: Dann würden an einer Stelle zufällig mehrere Menschen dicht nebeneinander stehen, während weiter weg jemand ganz alleine steht. Eigentlich ähnelt so ein Muster eher einer echten Party: Bei den Getränken steht ein kleiner Haufen Menschen und der Mathematiker mit seinen schönen Experimenten über Zufall bleibt ganz schnell allein.

Natürlich will man bei seiner Buchhaltung überhaupt keine beliebigen Zahlen benutzen, man will, dass die Beträge so realistisch wie möglich sind. Aber sobald man Zahlen auf die eine oder andere Weise rät, wird man schnell enttarnt. Listen mit Beträgen erfüllen nämlich allerlei kontraintuitive Gesetze. So gibt es das Benford'sche Gesetz (benannt nach dem Naturwissenschaftler Frank Benford), das besagt, dass nicht jede Ziffer gleich häufig am Beginn einer Zahl vorkommt: Die Eins kommt am häufigsten vor (ungefähr in 30% der Fälle), die Neun am seltensten (in weniger als 5% der Fälle). Mit diesem Benford'schen Gesetz wird Steuerbetrug aufgedeckt. Kurz gesagt: Es ist so schwierig, sich die Ziffern für die Verwaltung glaubwürdig auszudenken, dass es wahrscheinlich weniger Arbeit ist, die Kassenzettel zusammenzusuchen.

Ionica

Zufällige Muster

Gleich findest du zwei Muster. Siehst du, welches zufälliger ist? (Die Lösung steht am Ende dieses Buches.)

Muster 1:

1	0	0	0	1	1	0	1	1	1
0	0	0	1	1	0	1	0	0	0
0	0	0	0	1	1	0	0	0	0
0	1	1	0	0	0	0	0	0	0
1	1	1	0	0	1	1	0	1	0
1	0	1	0	1	1	0	1	0	1
0	1	1	0	0	0	1	0	1	1
1	0	1	0	1	0	0	1	1	1
1	0	0	0	0	0	1	0	1	1
0	0	1	0	0	0	1	1	0	0

Muster 2:

1	1	0	1	0	1	0	1	1	1
0	1	1	0	1	1	1	0	0	1
1	0	0	1	0	1	0	1	1	1
0	0	1	1	0	0	1	1	1	0
1	1	0	0	1	0	1	0	0	0
0	0	1	1	0	0	0	0	1	0
1	1	0	1	1	1	0	0	1	1
0	1	1	0	1	1	1	0	0	1
0	1	1	0	0	0	1	1	1	0
1	0	1	1	0	1	1	0	1	0

Museumstipp Escher im Palast

Der niederländische Künstler M.C. Escher (1898-1972) ist für seine Flächenfüllungen und „unmöglichen" Figuren bekannt. In dem Museum *Escher im Palast* in Den Haag kann man viele seiner Werke besichtigen, sowohl die realistischeren Bilder aus der Anfangszeit seiner Karriere als auch alle berühmten Werke – und auch immer noch Arbeiten, die niemand kennt.

In der obersten Etage kannst du selbst herausfinden, wie bestimmte optische Täuschungen funktionieren. Es gibt ein Zimmer, in dem ihr mit anderen Menschen stehen könnt, und weil das Zimmer schief ist (aber gerade aussieht), wirkst du auf einmal viel größer als dein großer Freund oder viel kleiner als dein kleiner Bruder!
Mehr Informationen unter: **www.escherinhetpaleis.nl**

Ist in dieser Reihe ein Muster?

Meine Freundin Cristel hat Geschichte studiert und sich auf Tagebücher des 18. Jahrhunderts spezialisiert. Auf Geburtstagen gerät sie immer wieder an jemanden, der wirklich alles über den Peloponnesischen Krieg weiß. Wenn so jemand hört, dass sie Historikerin ist, dann erwartet er, dass sie mit ihm stundenlang darüber sprechen kann. Cristel findet das dann immer ein bisschen peinlich, wenn sie zugeben muss, dass sie über den Peloponnesischen Krieg rein gar nichts weiß.

Als Mathematiker kommst du fast nie in solche Situationen, weil die meisten Menschen bei Mathematik nicht viel weiter kommen als bis zum Satz von Pythagoras. Darum war ich so überrascht, als mich jemand neulich bei einem Aperitif fragte, wie das mit der Vermutung von Collatz ist.

Ich wusste zum Glück, was diese Vermutung besagt. Es geht um Zahlenreihen. Man beginnt mit einer beliebigen ganzen Zahl, die größer als null ist. Wenn die Zahl gerade ist, dann teilt man sie durch zwei. Wenn die Zahl ungerade ist, dann multipliziert man sie mit drei und zählt eins dazu. Danach wiederholt man diesen Schritt mit dem Ergebnis, und nochmal und nochmal. Zum Beispiel:
$6 \rightarrow 3 \rightarrow 10 \rightarrow 5 \rightarrow 16 \rightarrow 8 \rightarrow 4 \rightarrow 2 \rightarrow 1$
oder
$13 \rightarrow 40 \rightarrow 20 \rightarrow 10 \rightarrow 5 \rightarrow 16 \rightarrow 8 \rightarrow 4 \rightarrow 2 \rightarrow 1$
Man endet bei 1, weil man von da an in einen Teufelskreis gelangt: Auf 1 folgt ja immer 4 und geht dann über die 2 zurück zur 1. Die Vermutung von Collatz ist, dass man immer bei 1 herauskommt, egal, mit welcher Zahl man beginnt.

Probiere es selbst einmal mit deiner Lieblingszahl aus. Wenn die Zahl kleiner als 10^{18} ist, dann kommst du sicher bei 1 raus, denn bis zu dieser Grenze ist die Vermutung mit dem Computer überprüft worden. Die Anzahl der Schritte kann ganz schön groß werden: Wenn du mit einer bescheidenen 27 beginnst, brauchst du zum Beispiel 112 Schritte, bevor du bei 1 raus kommst.

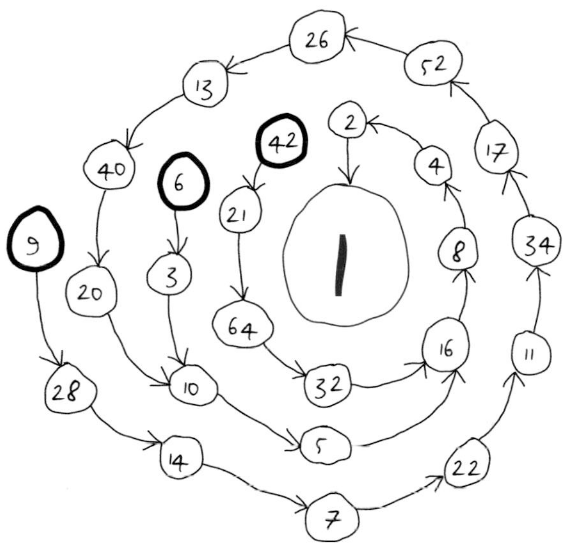

Die meisten Mathematiker denken, dass die Vermutung von Collatz wahr ist und dass man tatsächlich mit jeder Zahl bei 1 endet. Aber niemand hat dafür einen Beweis. Der 1996 verstorbene Mathematiker Paul Erdős seufzte der Überlieferung zufolge, dass die Mathematik noch nicht bereit sei für diese Art von schwierigen Problemen. Sicherheitshalber setzte er doch 500 Dollar als Belohnung für eine Lösung aus. Diese gibt es noch immer nicht.

Das alles erzählte ich während des Umtrunks. Die Zahlenbeispiele suchte ich schnell auf meinem Smartphone. Das ist übrigens etwas, das ich auch bei lästigen Fragen über den Peleponnesischen Krieg von Herzen empfehlen kann. Der Fragende schaute mich etwas enttäuscht an. Das können Mathematiker also nicht lösen? Was macht ihr denn den ganzen Tag am Schreibtisch? Und was könnt ihr dann?

Es ist vielleicht peinlich, eine Frage über ein Thema gestellt zu bekommen, von dem man noch nie etwas gehört hat. Aber es ist noch viel peinlicher, zugeben zu müssen, dass du und deine Fachkollegen ein augenscheinlich leichtes Problem nicht lösen könnt.

Ionica

Die Kepler'sche Vermutung

Wie stapelt man Apfelsinen so dicht wie möglich aufeinander? Jeder Gemüsebauer und jeder Marktmann würde dasselbe antworten: Man legt erst eine Schicht Apfelsinen so dicht wie möglich nebeneinander aus. So bekommt man eine Struktur aus regelmäßigen Sechsecken. Danach stapelt man die nächste Lage Apfelsinen in die Kuhlen – und so geht man weiter hoch, bis man eine schöne Pyramide erhält.

Wie effizient ist diese Art des Stapelns? Der ordentliche Stapel füllt etwa 74% des Raums aus. Zum Vergleich: Wenn man die Apfelsinen einfach so hinwerfen würde, dann würden sie im Durchschnitt 65% des Raumes ausfüllen. Ordentliches Stapeln bringt daher einiges an Raumgewinn. Das Lustige ist, dass niemand genau weiß, ob es nicht noch eine bessere Art des Stapelns gibt.

Kleine Kanonenkugeln

Auch wenn Gemüsehändler zweifellos schon jahrhundertelang ihre Apfelsinen in einer Pyramidenform mit einer Struktur aus regelmäßigen Sechsecken als Grundfläche aufgestapelt hatten, war es Johann Kepler, der 1611 als Erster die Vermutung formulierte, dass es wirklich keine effizientere Art gibt, Kugeln zu stapeln. Kepler dachte bei den Stapelungen vor allem an Kanonenkugeln. Denn in jener Zeit war es eine wichtige Frage, wie die Kugeln am besten auf einem Schiffsdeck gestapelt werden konnten.

Nachdem Kepler seine Vermutung über die bestmögliche Stapelung (im Deutschen spricht man auch von Packung) formuliert hatte, gelang es lange Zeit wirklich niemandem, auch nur irgendetwas über Kugelstapelungen zu beweisen. Ja, es gelang sogar niemanden auch nur zu beweisen, dass das sechseckige Gitter die beste Art ist, um eine einzige Schicht Kugeln anzuordnen. Glücklicherweise gelang dies dem norwegischen Mathematiker Axel Thue 1892.

Unregelmäßigkeiten

Früher im 19. Jahrhundert hatte der herausragende Mathematiker Carl Friedrich Gauß bewiesen, dass eine regelmäßige Stapelung in jedem Fall nie mehr als 74% des Raumes ausfüllen kann. Wenn es also etwas Besseres gibt, dann muss es eine unregelmäßige Stapelung sein. Ein schöner Fortschritt, aber um die Vermutung Keplers zu beweisen, mussten immer noch alle unregelmäßigen Stapelungen betrachtet werden. 1953 zeigte der ungarische Mathematiker László Fejes Tóth, dass das Bestimmen der maximalen Dichte aller möglichen Stapelungen auf eine endliche Anzahl von Rechnungen zurückgeführt werden kann. Leider war die Anzahl der Rechnungen noch immer so groß, dass es praktisch unmöglich schien, sie auszuführen. Tóth sprach die Hoffnung aus, dass Computer in der Zukunft schnell genug sein würden, um die Vermutung zu beweisen.

Ein Beweis! Ein Beweis?

Ab 1992 stürzte sich der amerikanische Mathematiker Thomas Hales auf die Durchführung des von Tóth vorgeschlagenen Ansatzes. Sechs Jahre später konnte er seinen Beweis präsentieren. Aber war es auch ein Beweis? Hales' Beweis bestand aus 250 Seiten plus ungefähr drei GB Computercode und Daten (was ungefähr drei Millionen Seiten Text sind).

Zwölf Mathematiker arbeiteten vier Jahre lang an der Überprüfung. Schließlich waren sie zu 99% sicher, dass der Beweis korrekt ist. Sie konnten nicht zu 100% sicher sein, weil es eine verlorene Liebesmühe ist, alle Computercodes und Daten zu kontrollieren. Wenn es eine Stunde kostet, um eine Seite zu überprüfen, dann wären sie erst um das Jahr 2340 fertig.

Aber die Experten waren sich einig, dass der theoretische Teil des Beweises stimmte und dass der Code auch in Ordnung zu sein schien. Hales' Beweis wurde in der sehr prestigeträchtigen Zeitschrift *Annals of Mathematics* publiziert. Wir sind also zu 99% sicher, dass die Kepler'sche Vermutung eigentlich der Satz von Hales ist. Aber ganz vielleicht gibt es irgendwann doch nochmal einen sehr pfiffigen Marktmann, der seine Apfelsinen doch noch besser zu stapeln weiß...

Warum manchmal zwei Straßenbahnen gleichzeitig kommen

Neulich musste ich wieder sehr lange auf die Straßenbahn 9 warten. Als endlich die richtige Straßenbahn um die Ecke kam, sah ich, dass gleich dahinter noch eine mit der Nummer 9 kam. War das nach der *OV-Chipkaart*, der elektronischen Zahlkarte im öffentlichen Nahverkehr, eine neue Art, die Reisenden zu schikanieren? Ein Fahrplan, bei dem nach einer langen Pause immer zwei Straßenbahnen hintereinander kommen? Oder fühlten sich die Straßenbahnfahrer nicht mehr sicher und trauten sich deshalb nur noch gemeinsam auf den Weg?

In der Bahn überlegte ich aber, dass es sich nicht vermeiden lässt, dass Straßenbahnen regelmäßig auf diese Art zusammenklumpen. Nehmen wir an, die Bahnen fahren normalerweise im Zehnminutentakt. Wenn sich eine Straßenbahn auf die eine oder andere Weise verzögert (Touristen, die mühsam fragen, ob diese Tram zum Dam fährt, ein Radfahrer, der sich in den Schienen verklemmt hat, oder ein Umzugswagen, der auf der Strecke ausgeladen wird), dann sammeln sich bei den nächsten Haltestellen ein paar mehr Passagiere. Die Tram kommt dann immer etwas später, also haben die Menschen länger Zeit, um zu der Haltstelle zu gelangen. Daraufhin dauert das Einsteigen noch etwas länger, wodurch sich die Straßenbahn noch etwas mehr verspätet. Wodurch bei den nächsten Haltestellen wieder mehr Menschen warten. Wodurch das Einsteigen noch länger dauert, und so weiter. Es ist ein Prozess, der sich selbst verstärkt. Die erste Straßenbahn nach der verspäteten Bahn hat es besonders leicht, denn auf sie warten weniger Passagiere. Diese Tram wird also ein bisschen gegenüber ihrem Fahrplan aufholen. Und irgendwann werden die beiden Straßenbahnen direkt hintereinander fahren.

Das Lustige ist, dass die Passagiere dieses Phänomen nur noch schlimmer machen. Achte mal darauf, dass bei zwei Straßenbahnen, die nacheinander fahren, jeder probiert, in die erste einzusteigen. Meist steht der ganze Gang proppenvoll, während die zweite Tram nahezu leer ist.

Man kann daran auch wenig ändern: mehr Bahnen einzusetzen hilft nicht. Ein Fahrplan, bei dem die Straßenbahn ab und zu ein paar Minuten an einer Haltestelle wartet, hilft schon. Dann hat sie einen Puffer und kann ein paar Minuten kürzer warten, wenn sie sich verspätet hat. Aber so ein Fahrplan ist wahrscheinlich irritierender für Passagiere als ab und zu ein Straßenbahnduo.

Busse leiden unter demselben Problem, aber bei Zügen sieht man beinah nie zwei unmittelbar nacheinander fahren. Vielleicht dadurch, dass da mehr Zeit für das Einsteigen eingeplant ist, oder dadurch, dass es weniger Haltestellen gibt, oder (und das scheint mir das Wahrscheinlichste zu sein), dadurch, dass der Fahrplan bei ein bisschen Verspätung schnell komplett aus dem Ruder läuft.

Ionica

Buchtipp Die Mondscheinsucher

Dieses Buch gibt ein Jahr aus dem Tagebuch des Mathematikers Marcus du Sautoy wieder. Jeder Monat ist ein Kapitel. Du Sautoy nimmt persönliche Erlebnisse zum Anlass, um über Symmetrien, Mathematiker und ihre Entdeckungen zu erzählen. Er erklärt auf eine für Laien verständliche Art, was eine Symmetrie eigentlich ist und warum Mathematiker so daran interessiert sind.

Du Sautoy schreibt über mathematische Ideen (und ihre Geschichte) auf eine Weise, die wir sehr mögen: in großen Zügen, mit vielen Anekdoten und schön leicht. *Die Mondscheinsucher* ist auch ein sehr

persönliches Buch: Du Sautoy schreibt offenherzig über das Unverständnis seiner Familie für seinen mathematischen Enthusiasmus und seine Enttäuschung, als einer seiner Studenten beschließt, die Mathematik zu verlassen.
Marcus du Sautoy, **Die Mondscheinsucher.** München: C.H. Beck, 2008.

Symmetrie

Regelmäßige Flächenfüllungen wie die von M.C. Escher sehen oft schön aus. Wie kommt das? Wenn man das jemanden fragt, ist die Antwort oft: „Das Muster wiederholt sich selbst", oder: „Sie sind symmetrisch." Jeder scheint entzückt von Symmetrie und jeder hat schon intuitiv eine Ahnung davon, was Symmetrie ist. Aber in der Mathematik können wir Symmetrie sehr genau beschreiben.

Forderungen und Operationen

Schau dir mal den Schmetterling auf diesem Foto an. Warum nennen wir ihn symmetrisch? Weil man ihn an der vertikalen Linie, die durch seine Mitte läuft, spiegeln kann und er dann noch genauso aussieht.

Aber Spiegeln ist nicht die einzige Art von Symmetrie, auch andere bestimmte Operationen („Operation" ist ein Wort, das Mathematiker für eine Bearbeitung gebrauchen) werden Symmetrien genannt. Für Symmetrien gelten zwei Forderungen:

1. Eine Symmetrie muss die Figur auf sich selbst abbilden (bzw. nach der Anwendung kannst du der Figur nicht ansehen, dass etwas passiert ist) und
2. die Symmetrie muss die Abstände beibehalten (zwei Punkte, die vor dem Anwenden von Symmetrie 2 cm auseinanderliegen, müssen nach dem Anwenden noch immer 2 cm auseinanderliegen).

Bemerke, dass auch die faule Operation „nichts tun" diese Forderungen erfüllt. Auch „nichts tun" ist also eine (blöde) Symmetrie. Was die zweite Forderung betrifft: Heranzoomen und Herauszoomen genügen dem nicht, dabei werden Abstände eben aufgeblasen oder verkleinert. Die letzte Forderung sorgt also dafür, dass Heran- und Herauszoomen keine Symmetrien sind. Die Regelmäßigkeit in Fraktalen wie dem Sierpiński-Fraktal bezeichnen wir also nicht mehr als Symmetrie.

Welche Arten Operationen können Symmetrien sein?

1. Spiegelungen. Diese haben wir bei dem Schmetterling gesehen.

2. Rotationen. Schauen wir uns mal ein gleichseitiges Dreieck an. Außer es zu spiegeln, kannst du das Dreieck auch noch um den Mittelpunkt über die Ecken um 120 oder 240 Grad drehen: Wenn du das machst, sieht das Dreieck nachher genauso aus wie vorher. So eine Rotation ist also eine Symmetrie, denn eine Rotation verändert auch nichts an den Abständen.

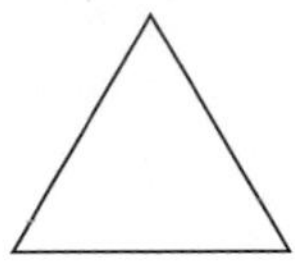

Eine Figur mit Translationsinvarianz.

3. Verschiebungen. Das Muster hier oben kannst du an beiden Seiten unendlich weiterdenken. Wenn du das machst, hat dieses Bild eine neue Art Symmetrie: Verschiebung. Du kannst das ganze Bild nämlich ein Stück nach links oder rechts verschieben und danach siehst du nicht, dass sich etwas verändert hat. Wenn eine Figur eine Translationsinvarianz hat, dann hat sie gleichzeitig unendlich viele Symmetrien: Anstelle eines Schrittes kannst du auch zwei oder drei oder vier oder ... so viele Schritte, wie du willst, weiterschieben! Das sind alles Symmetrien.

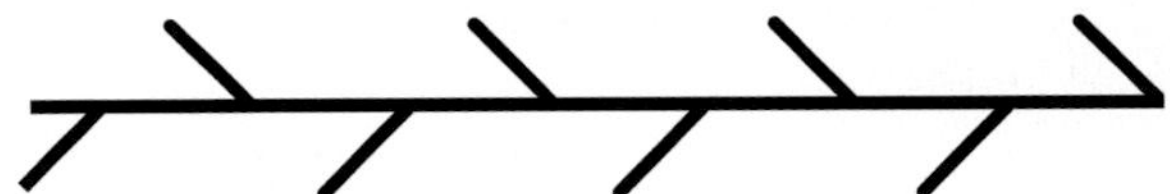

Eine Figur mit Gleitspiegelung als Symmetrie.

4. Kombinationen. Auch Kombinationen von Symmetrien sind wieder Symmetrien. Manche Figuren haben zum Beispiel eine Gleitspiegelung als Symmetrie; das ist eine Kombination aus einer Spiegelung und einer Verschiebung: Erst schiebst du die Figur ein Stückchen weiter und dann spiegelst du sie parallel zur Verschiebungsrichtung.

5. Nichts tun. Zum Schluss gibt es immer noch die allerblödeste Symmetrie von allen: nichts tun. Die Operation „nichts tun" ist sicher eine Symmetrie: Es scheint, als ob sich nichts verändert hat (denn das ist einfach so) und die Abstände sind sicher die gleichen geblieben. Diese langweilige Symmetrie wird auch „Identität" genannt.

Symmetriegruppen

Eine Symmetrie ist also eine Operation, die die Figur auf sich abbildet und die die Abstände beibehält. Was eine Symmetrie ist, hängt von der Figur ab, über die du sprichst: Eine Rotation von 120 Grad ist zwar eine Symmetrie eines gleichseitigen Dreiecks, nicht aber eines Vierecks.

Wir schauen nun auf eine bestimmte Figur. Alle Symmetrien dieser Figur zusammen nennen wir die Symmetriegruppe der Figur. Eine Gruppe ist in der Mathematik ein sehr allgemeiner, abstrakter Begriff – also bedeutet Gruppe hier etwas anderes als „eine Gruppe Menschen". In der Mathematik ist eine Gruppe eine Ansammlung von Dingen mit einer zusätzlichen gemeinsamen Struktur. Die Dinge in der Gruppe müssen auf eine bestimmte Art zusammenarbeiten. Die Identität ist ein notwendiger Teil dieser Struktur und darum ist es wichtig zu beobachten, dass auch sie eine Symmetrie einer Figur beschreibt.

Schauen wir noch einmal auf das gleichseitige Dreieck. Es hat sechs Symmetrien, nämlich:

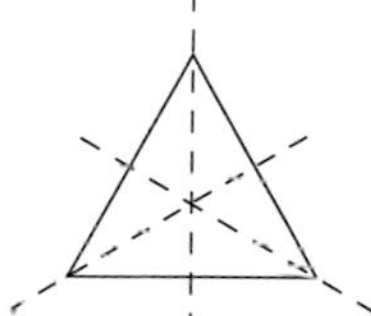

1. Rotation um 120 Grad um den Mittelpunkt,
2. Rotation um 240 Grad um den Mittelpunkt,

3.-5. drei Spiegelungen an Achsen, die durch einen Eckpunkt und die Mitte der gegenüberliegenden Seite gehen, und

6. die Identität.

Du kannst dich noch fragen: Wir rotieren jetzt schon um 120 Grad um die eine Seite, aber man kann doch auch andersherum um 120 Grad rotieren? Ist das keine zusätzliche Symmetrie? In der Tat, aber wir finden, das ist dieselbe Symmetrie, wie um 240 Grad um die eine Seite zu drehen, also zählen wir sie nicht als gesonderte Symmetrie.

Wir sagen jetzt: Die Symmetriegruppe des gleichseitigen Dreiecks hat die Ordnung sechs.

Warum ist es interessant, nach den Symmetriegruppen zu schauen? Dafür gibt es verschiedene Gründe. Erstens hast du jetzt eine quantitative Art zur Hand, um Symmetrien zu beschreiben: Du schaust, wie viele Symmetrien eine bestimmte Figur hat (und manchmal sind das unendlich viele, zum Beispiel, wenn es Verschiebungen sind). Aber noch viel interessanter ist: Du kannst jetzt auch leichter sehen, welche Figuren bezüglich ihrer Symmetrie dieselben sind.

Tapetenmuster

Muster, die auf den ersten Blick sehr unterschiedlich aussehen, können, was Symmetrie betrifft, dieselben sein. Das sieht man gut bei Tapetenmustern. Jeder hat eine Vorstellung von einem Tapetenmuster, denk zum Beispiel an die lebhaften Tapeten aus den 1970er-Jahren, die jetzt wieder retro und hip sind.

Die mathematische Beschreibung eines Tapetenmusters ist: ein Muster, das in zwei verschiedene Richtungen eine Translationsinvarianz hat (also entlang verschiedener Linien; denn wenn wir hoch- und runterschieben, nennen wir dieselbe Richtung), und außerdem muss es einen kleinsten Abstand geben, nach dem sich alles wiederholt. Diese letzte Forderung bedeutet, dass du nicht ein beliebig kleines Stückchen verschieben kannst, sodass die Tapete wieder gleich aussieht. Das Verschieben muss wirklich in Schritten geschehen.

Du solltest bemerken, dass du das Tapetenmuster immer unendlich weiterdenken musst, als ob es an keiner einzigen Seite aufhört.

Du kannst dir unendlich viele Tapetenmuster ausdenken, die in Form und Farbe total unterschiedlich aussehen. Aber wenn du nach der Symmetrie schaust, scheint die Vielfältigkeit halb so wild: Es gibt nur 17 wirklich unterschiedliche Muster!

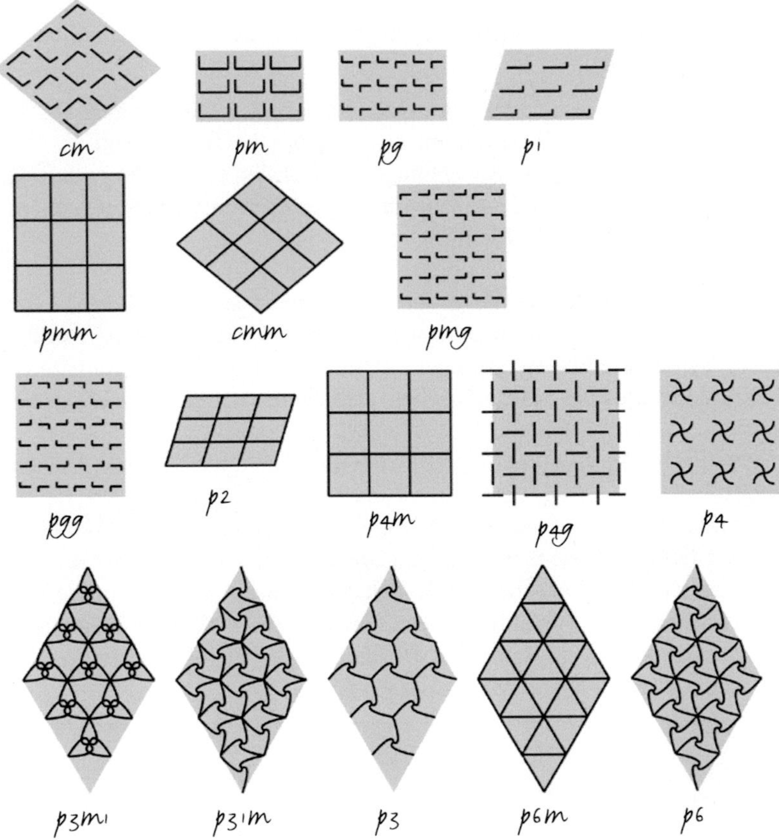

Das sind 17 Tapetenmuster. Du siehst, dass die 17 Namen nicht sehr für Fantasie sprechen. Das *m* steht zum Beispiel für Spiegelung (mirror), das *g* für Gleitspiegelung, die ersten Zahlen geben an, was für eine Rotation vorkommt (zum Beispiel handelt es sich bei *p4m* um eine Rotation um $360°/4 = 90°$). Die Unterschiede sind manchmal subtil und schwer zu sehen.

Nimm an, dass wir von einem bestimmten Bild wissen möchten, welche Tapetengruppe dazu gehört. Zuerst müssen wir natürlich feststellen, ob das betreffende Bild wirklich ein Tapetenmuster ist: Gibt es zwei verschiedene Verschiebungsrichtungen? Und gibt es wirklich einen kleinsten Verschiebungsabstand?

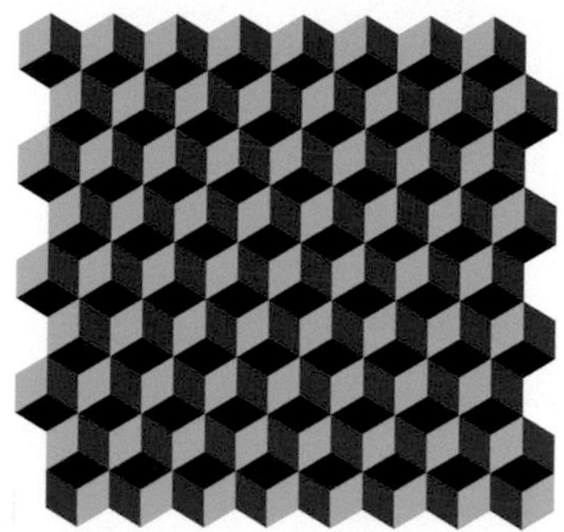

Hier siehst du ein Tapetenmuster: Wenn du dir das Muster unendlich weiter vorstellst, kannst du es zum Beispiel nach links oben und nach rechts oben verschieben. Es gibt auch einen kleinsten Verschiebungsabstand: Du musst das Muster mindestens eine ganze Raute weiterschieben, weniger geht nicht, denn dann sieht es wirklich anders aus.

Im Flussdiagramm auf der nächsten Seite kannst du sehen, welche Tapetengruppe zu einem bestimmten Bild gehört. Dieses Flussdiagramm ist also so etwas wie eine Bestimmungstafel für Pflanzen oder Vögel. So kannst du jedes Tapetenmuster bestimmen, dem du in der Natur begegnest. Aber erst noch ein bisschen Terminologie! Wenn eine Figur eine Rotationssymmetrie hat, heißt der Punkt, um den du die Figur rotieren lässt, „Rotationszentrum". Wenn eine Figur eine Spiegelsymmetrie hat, dann heißt die Linie, an der du spiegelst, eine „Spiegelachse". Wenn die Figur eine Gleitspiegelung als Symmetrie hat, dann heißt die Linie, an der du spiegelst (und das ist folglich auch die Linie, an der du verschiebst) eine „Gleitspiegelachse".

Wir folgen dem Flussdiagramm für das Muster, das wir oben auf dieser Seite sehen. Der kleinste Drehwinkel ist 180 Grad. (Du kannst nur um die Punkte drehen, an denen sechs Rauten zusammenkommen.) Dann ist die Frage: Gibt es eine Spiegelung? Nein, die gibt es nicht. Du kannst die Rauten an sich schon spiegeln, aber dann gelangt immer eine Raute von der einen Farbe auf eine Raute einer anderen Farbe und das darf nicht sein. Gibt es eine Gleitspiegelung? Nein, auch nicht. Also gehört das Muster aus der obigen Abbildung zu der Tapetengruppe p2.

Kontrollier selbst, dass auch dieser Stich von Escher zur Tapetengruppe p2 gehört.

So siehst du: Zwei auf den ersten Blick unterschiedliche Bilder sind mathematisch gesehen manchmal dasselbe!

- Kleinster Rotationswinkel
  - Kein Rotationswinkel
    - Gibt es eine Spiegelung?
      - Nein: Gibt es eine Gleitspiegelung?
        - Nein: pi
        - Ja: pg
      - Ja: Gibt es eine Gleitspiegelachse, die keine Spiegelachse ist?
        - Nein: pm
        - Ja: cm
  - 360° : 2 = 180°
    - Gibt es eine Spiegelung?
      - Nein: Gibt es eine Gleitspiegelung?
        - Nein: p2
        - Ja: pgg
      - Ja: Gibt es senkrechte Spiegelachsen?
        - Nein: pmg
        - Ja: Gibt es Rotationszentren, die nicht auf einer Spiegelachse liegen?
          - Nein: pmm
          - Ja: cmm
  - 360° : 3 = 120°
    - Gibt es eine Spiegelung?
      - Nein: p3
      - Ja: Gibt es Rotationszentren, die nicht auf einer Spiegelachse liegen?
        - Nein: p3mi
        - Ja: p3im
  - 360° : 4 = 90°
    - Gibt es eine Spiegelung?
      - Nein: p4
      - Ja: Gibt es Spiegelachsen, die sich im Winkel von 45° schneiden?
        - Nein: p4g
        - Ja: p4m
  - 360° : 6 = 60°
    - Gibt es eine Gleitspiegelung?
      - Nein: p6
      - Ja: p6m

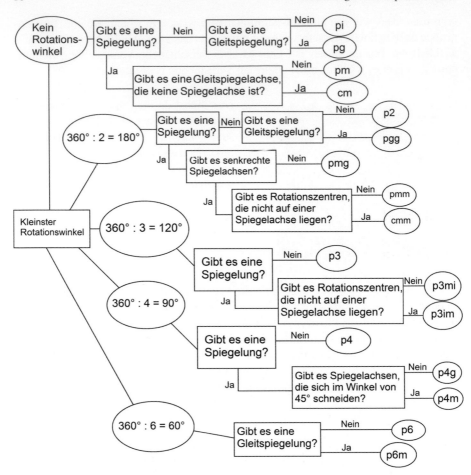

Welche Symmetriegruppe ist das? (Die Lösung steht am Ende dieses Buches.)

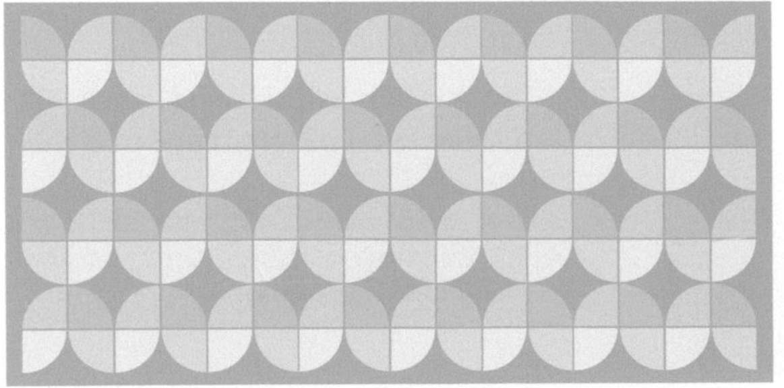

Museumstipp Alhambra

Eine eindrucksvolle Menge von Mosaiken ist im maurischen Palastkomplex Alhambra bei Granada in Andalusien, Spanien, zu sehen. Du kannst dort alle 17 verschiedenen Tapetenmuster finden, aber dann musst du wirklich gut suchen (und erst Kapitel 3 von *Die Mondscheinsucher* von Marcus du Sautoy lesen).
Mehr Informationen unter **www.alhambra-patronato.es**

Kapitel 2
Von π bis zu einer Trillion: Zahlen

Zahlen sind meist die erste Bekanntschaft mit Mathematik. Durch Lieder aus der Sesamstraße lernen Kinder zählen und schnell kennen sie haargenau den Unterschied zwischen drei und vier Bonbons. Aber es gibt sehr viel mehr Arten von Zahlen als Zahlworte. Wenn wir all diese Zahlen beschreiben müssten, würde dieses Buch unendlich dick. Darum wählen wir in diesem Kapitel ein paar unserer Lieblingszahlen aus.

Zum Beispiel die Primzahlen, Zahlen, die nur durch sich selbst oder durch eins teilbar sind. Diese für Mathematiker wichtigen Zahlen scheinen auch für bestimmte Insekten sehr nützlich zu sein.

Natürlich kennt jeder die Quadratzahlen: 1, 4, 8, 16, 25, 36, ... Wir werden zeigen, dass diese Zahlenfolge auch noch eine andere auffällige Regelmäßigkeit besitzt.

Der schwierigste Teil dieses Kapitels behandelt normale Zahlen. Es ist bewiesen, dass es unendlich viele dieser Zahlen gibt, aber Mathematiker können nur eine Handvoll davon konstruieren. Was ist dann so normal an diesen Zahlen?

Apropos normal: Wir sind so an das Dezimalsystem gewöhnt, dass es uns schwer fällt, uns ein anderes System vorzustellen. In einem historischen Teil zeigen wir, wie die Babylonier ein 60-stelliges System benutzten und welche Spuren wir davon noch in unserer heutigen Zeit finden können.

Zwei Zahlen, die in diesem Kapitel nicht fehlen dürfen, sind π (Pi) und der Goldene Schnitt. Wir zeigen, wie man π annähern kann, und fragen uns, wie schön der Goldene Schnitt eigentlich ist. Aber wir beginnen mit Zahlen, die so groß sind, dass wir uns darunter beinah nichts mehr vorstellen können.

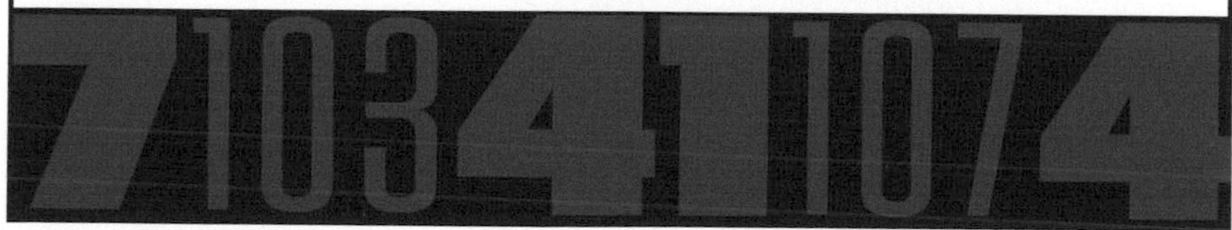

J. Daems, I. Smeets, *Mit den Mathemädels durch die Welt*,
DOI 10.1007/978-3-662-48099-1_2

Wie viel ist eine Trillion?

Als Barack Obama gerade Präsident war, gab er den Auftrag, 100 Millionen Dollar zu sparen. Das klingt nach einer ganzen Menge Geld, aber man sollte bedenken, dass das amerikanische Regierungsbuget schlappe 3,5 Billionen Dollar betrug und das damalige jährliche Defizit 1,2 Billionen Dollar. Waren die Einsparungen also wirklich so beeindruckend?

Greg Mankiw, Professor für Wirtschaftswissenschaften an der Harvard Universität, verdeutlichte, wie klein die Einsparungen waren, indem er sie auf das Niveau einer Familie herunterskalierte. Nimm an, dass ein Haushalt jährlich 100.000 Dollar ausgibt und dass er ein Defizit von 34.000 Dollar hat. Nun trifft das Familienoberhaupt den drastischen Entschluss, in diesem Jahr 3 Dollar zu sparen. Kurzum, eine Einsparung von einer Tasse Kaffee bei einem Defizit von der Größe eines netten Mittelklassewagens. Die Verhältnisse zwischen den Beträgen sind genau die der vorgeschlagenen Regierungseinsparungen, und so klingen sie mit einem Mal lächerlich.

Obamas Einsparungen waren natürlich vor allem als gutes Vorbild gemeint und es wurden allerlei weitere Maßnahmen getroffen, um das Defizit zu verringern. Wirtschaftswissenschaftler können darüber sicher vernünftige Aussagen treffen. Für Mathematiker ist es in erster Linie verrückt zu bemerken, dass wir so schlecht begreifen, wie groß der Unterschied zwischen 100 Millionen und 3,5 Billionen ist.

Übersetzungsfehler

Wir haben einfach kein Gefühl für große Zahlen und oft notiert jemand versehentlich ein paar Nullen zu viel oder zu wenig. Zu allem Unglück ist die amerikanische *billion* nicht die gleiche wie unsere Billion (zwölf Nullen), sondern wie unsere Milliarde (neun Nullen). Unsere Billion heißt in Amerika eine *trillion* und unsere Trillion (18 Nullen) ist dann wiederum eine *quintillion*. Und, um noch mehr Verwirrung zu stiften, es war früher im britischen Englisch wieder anders, aber inzwischen sind in Großbritannien die amerikanisch-englischen *billion* und *trillion* auch gängig. Auch wenn britische Wissenschaftler lieber den europäischen Standard gebrauchen. Das ist also sehr verwirrend!

Wer das nicht weiß und kein Gefühl für große Zahlen hat, kommt schnell durcheinander. Neulich stand über einer Buchrezension über Entwicklungshilfe in Afrika die Schlagzeile „1.000.000.000.000.000.000 Dollar halfen nicht“. Dieser Betrag ist eine Trillion (zähl ruhig die 18 Nullen nach), und er hat sechs Nullen mehr als die *trillion*, die zweifellos im ursprünglichen Text stand.

Anzahl der Nullen	Deutsch	(Amerikanisches) Englisch
6	Million	million
9	Milliarde	billion
12	Billion	trillion
15	Billiarde	quadrillion
18	Trillion	quintillion

Um zu erkennen, wie lächerlich dieser Betrag mit den 18 Nullen ist, kannst du ausrechnen, auf wie viel Entwicklungshilfe pro Person pro Jahr das ungefähr hinausläuft. Das Geld ging dem Artikel zufolge innerhalb von 60 Jahren nach Afrika. Da wohnen etwas weniger als eine Milliarde Menschen. Teile den Gesamtbetrag von 1.000.000.000.000.000.000 Dollar durch 60 Jahre und durch die Anzahl der Einwohner und das Ergebnis ist, dass pro Einwohner mehr als 18 Millionen Dollar Entwicklungshilfe pro Jahr gezahlt wurden. Es wäre wirklich sehr merkwürdig, wenn ein derart großer Betrag pro Person nicht geholfen hätte. In Wirklichkeit lief es auf etwas mehr als 18 Dollar Entwicklungshilfe pro Person pro Jahr hinaus – diesen Unterschied machen die sechs Nullen aus.

Wir können so schlecht einschätzen, wie viel Geld 1.000.000.000.000.000.000 Dollar sind, dass wir nicht auf Anhieb merken, dass dieser Betrag viel zu hoch ist. Bei 18 Millionen Dollar pro Person sehen wir aber gleich, dass damit etwas nicht stimmt. Überprüfe bei so großen Zahlen daher am besten immer kurz mit einer kleinen Überschlagsrechnung, ob die Anzahl der Nullen richtig ist.

Der etwas überschätzte Goldene Schnitt

Über wenige Zahlen wird so viel Unsinn erzählt wie über den Goldenen Schnitt. Der Goldene Schnitt ist ungefähr 1,618 und soll ein besonders schönes Verhältnis sein, das man beinah überall finden kann. Mathematisch gesehen, ist das Verhältnis sicher sehr schön. Bei einem Linienstück, das entsprechend des Goldenen Schnittes aufgeteilt ist, verhält sich das größere der beiden Stücke zu dem kleineren, wie sich das ganze Linienstück zu dem größeren Stück verhält.

Der Wert des Goldenen Schnittes

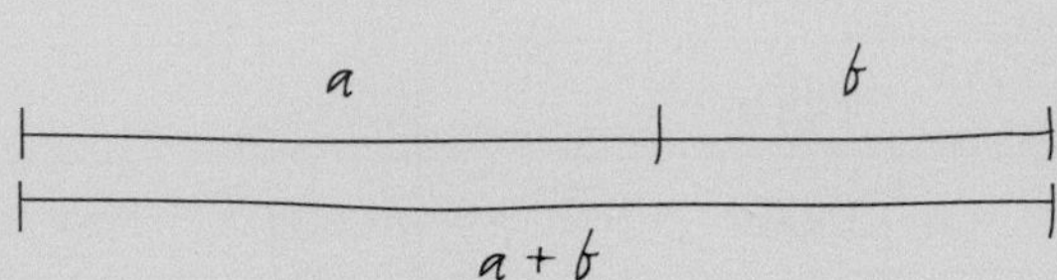

Aus diesem Verhältnis kann man den Wert des Goldenen Schnitts berechnen, wir notieren diesen Wert mit g. Nenn das längere Stück der Linie a, das kürzere b. Per Definition gilt, dass $g = \frac{a}{b} = \frac{(a+b)}{a}$.
Hieraus folgt, dass $a = b \cdot g$, und durch Einsetzen in $g = \frac{(a+b)}{a}$ erhältst du $g = \frac{(b \cdot g+b)}{(b \cdot g)} = \frac{(g+1)}{g}$ bzw. $g^2 – g – 1 = 0$. Auflösen dieser Gleichung (zum Beispiel mit der p-q-Formel, siehe auch Seite 159) gibt als einzige positive Lösung $g = \frac{(1+\sqrt{5})}{2} = 1{,}618\ldots$

Man sagt, dass man den Goldenen Schnitt überall wiederfindet: in alten griechischen Bauwerken wie dem Parthenon, in Gemälden von Leonardo da Vinci und selbst im Gesicht von Angelina Jolie. Natürlich haben manche Künstler wie Salvador Dalí den Goldenen Schnitt ganz bewusst eingesetzt. Aber häufiger ist es unwahrscheinlich, dass der Goldene Schnitt absichtlich gebraucht wird. Es gibt zum Beispiel keine Hinweise darauf, dass die alten Griechen oder Leonardo Da Vinci verrückt nach diesem Verhältnis waren. Und wenn man nur lange genug sucht, ist beinah jedes Verhältnis schon irgendwo in einem Gesicht oder großen Bauwerk wie dem Parthenon wiederzufinden.

Such den Goldenen Schnitt. Die Basis des Parthenons ist 69,5 mal 30,9 Meter: Mit einem Verhältnis von ungefähr 2,24 erinnert das nicht besonders an den Goldenen Schnitt. Beim Lagerraum („cella“[a] für die Kenner) kommst du schon besser in die Nähe: Der ist 29,8 mal 19,2 Meter, mit einem Verhältnis von ungefähr 1,55.

[a] Als „cella“ bezeichnet man eigentlich den Raum, in dem die Götterstatue aufgestellt wurde. Dieser Raum wurde als der Raum der Gottheit angesehen und war nicht frei zugänglich.

Wird der Goldene Schnitt wirklich bevorzugt?

Es ist auch noch die Frage, ob Menschen den Goldenen Schnitt wirklich so schön finden. Betrachte mal selbst die untenstehenden Rechtecke: Welches findest du am schönsten?

Miss jetzt einmal nach, wie lang und breit dein Lieblingsrechteck ist, und teile die Angaben durcheinander. Ähnelt das Verhältnis 1,618? Bei einem kleinen Test mit 485 Freiwilligen war Rechteck 8 mit 94 Stimmen der Favorit. Danach folgten Rechteck 11 und 10. Aber ... das Rechteck mit dem Verhältnis, das dem Goldenen Schnitt am nahesten kommt, war nicht unter diesen drei Favoriten. Welches es ist? Das musst du selbst nachmessen.

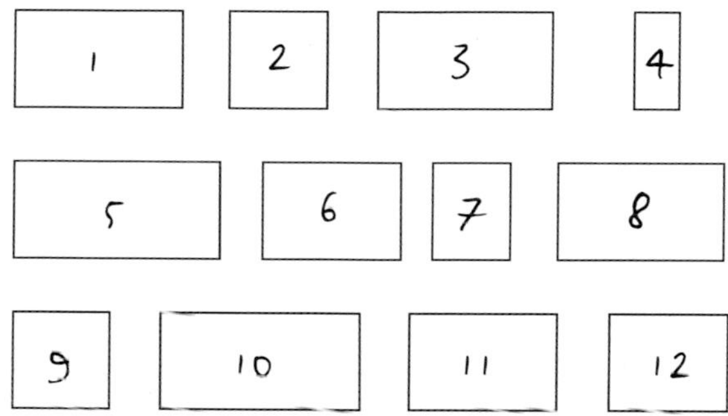

π -Tag

Am 14. März ist π-Tag. In der amerikanischen Schreibweise ist der 14. März nämlich 3-14 und 3,14 ist der Anfang der dezimalen Entwicklung der Zahl π. Aber was ist denn nun so besonders an der Zahl π, dass ihr ein Tag gewidmet werden muss? Und was macht man dann eigentlich, am π-Tag?

Die Zahl π ist definiert als der Umfang eines Kreises geteilt durch seinen Durchmesser. Wenn man die Oberfläche oder den Umfang eines Kreises, von dem man den Radius weiß, ausrechnen will, braucht man π.

Bei Annäherung ist die Zahl π ungefähr 3,14159265. Bei Annäherung, denn die Zahlenfolge in der Dezimaldarstellung von π hört niemals auf. π ist kein Bruch und π ist daher auch nicht $\frac{22}{7}$, was manche Menschen denken. Der Bruch $\frac{22}{7}$ ist eine Annäherung von π, die aber nur bis auf zwei

Dezimalstellen stimmt. Im 17. Jahrhundert berechnete Ludolph van Ceulen bereits 35 Dezimalstellen von π (siehe auch Seite 80). Inzwischen hat man mehr als 10^{12} (das ist eine 1 mit zwölf Nullen) Dezimalstellen von π berechnet und das sind viel, viel mehr, als wir jemals benötigen werden.

Man hat noch kein Muster in den Dezimalstellen von π gefunden (außer, dass es Dezimalstellen von π sind) und es sieht daher so aus, als seien es vollkommen zufällige Ziffern. Aber es ist auch nicht bewiesen, dass die Dezimalzahlen von π genauso verteilt sind wie zufällige Ziffern.

Es gibt Menschen, die von π so fasziniert sind, dass sie eine beeindruckende Menge an Dezimalstellen auswendig gelernt haben. Der Rekord eines chinesischen Studenten liegt bei 67.890 Dezimalstellen. Jetzt finde ich die Dezimalstellen von π nicht so interessant, aber die Zahl selbst schon. Sie taucht nämlich an allerlei unerwarteten Orten in der Mathematik auf, auch an Orten, die auf den ersten Blick nichts mit Kreisen zu tun haben.

Wenn du zum Beispiel eine Nadel der Länge l auf einen Boden mit Holzplanken hast fallen lassen, die ebenfalls die Breite l haben, dann ist die Wahrscheinlichkeit, dass die Nadel über einem Spalt liegt (und nicht ganz auf einer Planke) gleich $\frac{2}{\pi}$ (siehe Seite 28). Außerdem kommt die Zahl in dem Ergebnis einiger bestimmter, unendlicher Summen vor: $\frac{1}{1^2} + \frac{1}{2^2} + \frac{1}{3^2} + \frac{1}{4^2} + \ldots = \frac{\pi^2}{6}$. Auch in der Normalverteilung, die zum Beispiel beschreibt, wie Frauen über mögliche Schuhgrößen verteilt sind, kommt ein π vor (siehe auch Seite 110).

Weil π im Englischen genauso klingt wie *pie* (Torte), wird am π-Tag oft Torte gegessen. (Ein zusätzlicher Vorteil ist natürlich, dass Torten meist rund sind.) Auch π-zza steht gut da. Einem befreundeten Mathematiklehrer ist es selbst gelungen, seinen Schülern weiszumachen, dass er am π-Tag auf eine Torte eingeladen werden muss!

Schade, dass der π-Tag auch mal auf ein Wochenende fällt, denn er ist eine schöne Gelegenheit, um in der Klasse über π zu erzählen, oder um selbst mit einem Maßband die Umfänge und Durchmesser von Kreisen zu messen. Aber du kannst natürlich auch dein π-T-Shirt anziehen, Schuhe mit einem π darauf kaufen oder π-förmige Eiswürfel machen: Wirklich, all das gibt es im Internet zu kaufen.

Und ich? Ich esse schon mein ganzes Leben lang am π-Tag Torte, denn da hat meine Mutter Geburtstag!

Jeanine

Geschenktipp π-Eiswürfel

Jeder Cocktail und jeder Fruchtsaft wird durch ein Stück Eis in π-Form aufgefrischt. Viel hübscher als Würfel!
Du erhältst sie auf: **www.thinkgeek.com**

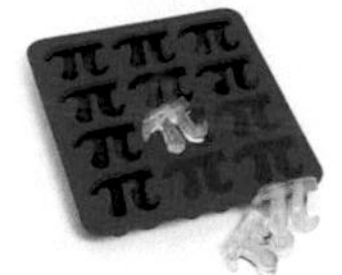

Do-it-yourself: Das Buffon'sche Nadelproblem

Mit einem Stapel Zahnstocher kannst du auf überraschende Weise eine Näherung von π berechnen.

Du brauchst:

- Papier
- einen Bleistift
- ein Lineal
- Zahnstocher

Und so geht es:

1. Zeichne gerade parallele Linien auf das Papier, die genau eine Zahnstocherlänge auseinanderliegen.

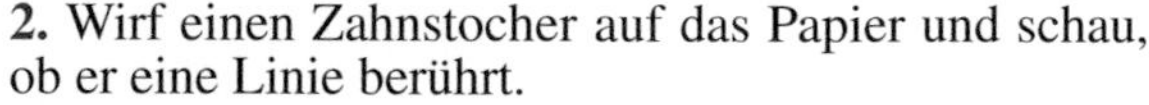

2. Wirf einen Zahnstocher auf das Papier und schau, ob er eine Linie berührt.

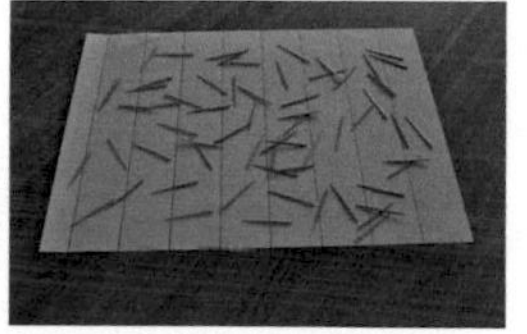

3. Wiederhole diesen Vorgang ganz oft oder wirf mit einem Mal eine Menge Zahnstocher auf das Papier.

4. Zähle, wie viele Zahnstocher du geworfen hast und wie viele davon eine Linie berühren. Multipliziere die Anzahl der geworfenen Zahnstocher mit zwei und teile das Ergebnis durch die Anzahl der Male, die du getroffen hast. Wenn du zum Beispiel 177 Zahnstocher verwendest und dabei 113-mal getroffen hast, dann erhältst du: $\pi = \frac{2 \cdot 177}{133} \approx 3,13$.

Oft sind die Annäherungen übrigens nicht so gut wie in diesem Beispiel: Es kann durchaus sein, dass du erst nach 1000 Zahnstochern ein bisschen in die Nähe von π kommst. Aber wenn du lange genug fortfährst, dann solltest du letztendlich immer näher an 3,14... kommen.

Warum erhältst du π?

Nimm der Bequemlichkeit halber an, dass die Länge der Zahnstocher eins ist (und der Abstand zwischen zwei Linien also auch). Betrachte einen der Zahnstocher. Wir zeichnen den Abstand von seiner Mitte zu der nächsten Linie mit einer gestrichelten Linie in das Bild hier. Nenne den unteren Winkel in dem pinken Dreieck x. Dann hat die oberste Seite des pinken Dreiecks die Länge $\frac{1}{2}\sin x$. Die Wahrscheinlichkeit, dass der Zahnstocher eine Linie berührt, ist jetzt die Wahrscheinlichkeit, dass $\frac{1}{2}\sin x$ größer ist als der gestrichelte Abstand zwischen der Mitte des Zahnstochers und der nächsten Linie. Und die Wahrscheinlichkeit ist genau $\frac{2}{\pi}$.

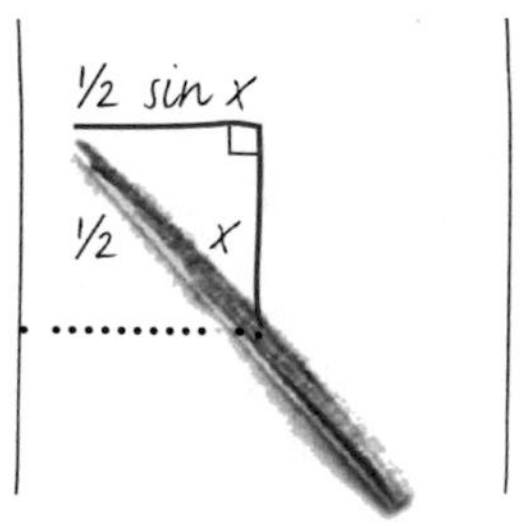

Warum heißt das „das Buffon'sche Nadelproblem"?

Im 18. Jahrhundert stellte der Graf von Buffon eine Frage über Nadeln: Nimm an, dass du einen Boden aus Holzplanken hast, die alle gleich breit sind, und dass du auf diesem Boden eine Nadel fallen lässt. Wie groß ist die Wahrscheinlichkeit, dass die Nadel zwischen zwei Planken fällt? Wenn die Länge l einer Nadel kürzer ist als die Breite b der Planken, dann ist die Antwort auf diese allgemeinere Frage $\frac{(2 \cdot l)}{(\pi \cdot b)}$.

Mit dieser Formel kannst du π also auch mit einem hölzernen Boden und einer Dose Nadeln annähern. Oder du bildest mit gefärbten Seilen Linien auf einer Rasenfläche und wirfst mit Schaschlikspießen.

π-Fans

Manche Menschen finden π so prima, dass sie das Symbol darstellen. Hier bilden Schüler der flämischen Schule KSO Glorieux aus Ronse ein großes π zu Ehren des π-Tages ab.

Museumstipp Mathematikum

In Gießen steht ein echtes Mathemathikmuseum: das Mathematikum. Der Zweck dieses Museums ist es, Mathematik vor allem Kindern und Jugendlichen zugänglich zu machen. Eine Menge Themen werden dort behandelt: Rätsel, täuschende Spiegel, Seifenblasen und noch viel mehr. Und es ist interaktiv: Du kannst selbst mitmachen! Mehr Informationen unter **www.mathematikum.de**

Rätsel Große Zahlen

a) Welche dieser Zahlen ist die größte?

40^4
4^{40}
$4^{(4^4)}$
$4 \cdot 4 \cdot 4$
$(4^4)^4$

b) Schreib hier die größte Zahl auf, die du dir ausdenken kannst!

(Die Lösungen findest du hinten.)

Die Einsamkeit der Primzahlen

Vor einiger Zeit lag das Buch *Die Einsamkeit der Primzahlen* des italienischen Debütanten Paolo Giordano stapelweise in den Geschäften. Ein Buch mit so einem Titel konnte ich natürlich nicht einfach liegenlassen. Und obwohl ich fand, dass es sicher gut geschrieben ist, hatte ich nach einiger Zeit doch von den problematischen Charakteren genug. Wenden wir uns stattdessen doch mal den Primzahlen selbst zu, denn die sind auch sehr interessant.

Eine Primzahl ist eine Zahl, die keine anderen Teiler als 1 und sich selbst hat. Nach Übereinkunft ist die Zahl 1 keine Primzahl . Die ersten Primzahlen sind also 2, 3, 5, 7, 11, 13, 17, 19. Und sind diese Primzahlen wirklich so einsam, wie Giordanos Titel vermuten lässt?

Es gibt unendlich viele Primzahlen, also sind sie in diesem Sinne nicht einsam. Aber sie stehen in der Reihe der ganzen Zahlen fast nie nebeneinander: 2 und 3 stehen nebeneinander und sind beides Primzahlen, aber danach sind Primzahlen immer mindestens zwei Zahlen auseinander (denn wenn zwei Zahlen nur den Abstand 1 haben, ist eine von beiden immer durch 2 teilbar). Primzahlen, die fast nebeneinander stehen, mit nur einer anderen ganzen Zahl dazwischen, heißen Primzahlzwillinge (also sind zum Beispiel 3 und 5 Primzahlzwillinge, und 11 und 13 auch). Giordanos Hauptfigur Mattia gebraucht diese Eigenschaft als Metapher: „Mattia dachte, dass Alice und er so waren, zwei Primzahlzwillinge, allein und verlassen, dicht beieinander, aber nicht dicht genug, um sich wirklich zu berühren.“ Daher die Einsamkeit.

In dem Maße, wie die Zahlen größer werden, werden die Primzahlen immer seltener: In der Nähe der Zahl 10.000 ist ungefähr eine von neun Zahlen eine Primzahl und um 1.000.000.000 eine von 21.

Auch in der Natur kommen Primzahlen vor. Ein bekanntes Beispiel ist der Lebenszyklus eines bestimmten Insekts, der Zikade. Zikaden sind etwas seltsame Tierchen. Je nach Sorte sitzen sie erst 13 oder 17 Jahre unter der Erde, wo sie von Säften aus Baumwurzeln leben, und danach kommen sie alle gleichzeitig nach oben, um sich fortzupflanzen. Einen Monat später sterben sie. Aber die Larven lassen sich wieder aus den Baumästen nach unten fallen und kriechen dann wieder für 13 oder 17 Jahre in die Erde und so weiter.

Wissenschaftler fragen sich natürlich: Ist es Zufall, dass die Länge dieser Zyklen Primzahlen sind, oder liegt darin ein evolutionärer Vorteil? Es zu beweisen ist schwer, aber man hat die Hypothese aufgestellt, dass eine Primzahl als Zyklus praktisch ist, um natürlichen Feinden aus dem Weg zu gehen. Wenn ihr Feind jedes Jahr da ist, ist es ganz egal, wann die Zikade nach oben kommt. Aber wenn ein natürlicher Feind auch periodisch erscheint oder mit einer bestimmten Periode immer mehr oder weniger zahlreich auftaucht, dann willst du als Zikade lieber nicht in dem Moment nach oben kommen, in dem die Anzahl der Feinde auch ihre Spitze hat.

Wenn du als Zikade einen zwölfjährigen Zyklus hättest, dann könntest du deinen Feinden, die alle 1, 2, 3, 4, 6 oder 12 Jahre da sind, jedes Mal, wenn du nach oben kommst, begegnen. Wenn du einen 13-jährigen Zyklus hast, kannst du nur Feinden mit einem Zyklus von einem oder 13 Jahren jedes Mal begegnen. Und eincm Feind mit einem sechsjährigen Zyklus begegnest du dann nur einmal alle $6 \cdot 13 = 78$ Jahre.

Zikaden richten übrigens kaum Schaden an. Sie sind aber sehr imposant: Auf einem Quadratkilometer können schon rund eine halbe Million Tierchen aus dem Boden kommen! Primzahlen sind vielleicht einsam, Zikaden sind es sicher nicht.

Jeanine

Geschenktipp Primzahlservietten

Decke deinen Tisch schön und in mathematischer Verantwortung mit diesen Primzahlservietten. Die Würfel in dem Muster stellen nicht die normalen Primzahlen dar, sondern die Primzahlen in den Gauß'schen Zahlen. Die Gauß'schen Zahlen sind alle Zahlen, die man als $a+bi$ schreiben kann, wobei a und b ganze Zahlen sind und wobei $i^2 = -1$. Bitte einen Mathematiker zu Tisch und lass ihn oder sie zwischen Vorspeise und Hauptgericht einmal haargenau erklären, wie es bei den Gauß'schen Zahlen mit den Primzahlen aussieht.

Erhältlich über **www.sannydezoete.nl**

Die klugen Babylonier

Unsere Art Zahlen aufzuschreiben, ist eigentlich sehr klug. Wir haben nur zehn Symbole $(0, 1, 2, \ldots 9)$ und doch können wir damit im Prinzip alle Zahlen aufschreiben, die wir uns ausdenken können, und das sind unendlich viele!

Das klappt deshalb so gut, weil unser Zahlensystem ein sogenanntes Stellenwertsystem ist. Das bedeutet, dass die Stellung eines Symbols in der Zahl bestimmt, wie viel das Symbol wert ist. In der Zahl 525 kommt das Symbol 5 zweimal vor, aber die zwei Fünfen bedeuten nicht genau das Gleiche: Die vordere 5 gibt an, dass in der Zahl fünf Hunderter enthalten sind, und die letzte, dass es fünf Einer sind. Die 2 gibt die Anzahl der Zehner an. Kurzum: Die Zahl 525 bedeutet fünfmal Hundert, zweimal Zehn und fünfmal Eins zusammengezählt.

Weil wir ein Dezimalsystem haben, unterscheiden sich zwei nebeneinanderstehende Positionen immer um einen Faktor 10. Die Zahl 1729 zum Beispiel steht für $1 \cdot 10^3 + 7 \cdot 10^2 + 2 \cdot 10^1 + 9 \cdot 10^0$ (wobei 10^0 gleich 1 ist, denn außer für 0 gilt für jede Zahl, dass die Zahl hoch null gleich 1 ist). Und diese Idee funktioniert auch nach dem Komma immer noch gut: 1,3 bedeutet ein Einer und drei Zehntel, bzw.: $1 \cdot 10^0 + 3 \cdot 10^{-1}$.

Diese kluge Art, Zahlen aufzuschreiben, gibt es schon sehr lange. Die Babylonier hatten vor ungefähr 4000 Jahren schon so ein Stellenwertsystem. Ihr Stellenwertsystem war nicht dezimal, sondern sexagesimal. Sie gebrauchten nur zwei Symbole: einen Nagel und einen Winkel. Mit diesen beiden Symbolen schrieben sie alle Zahlen von 1 bis 59 auf die folgende Weise auf:

1	11	21	31	41	51
2	12	22	32	42	52
3	13	23	33	43	53
4	14	24	34	44	54
5	15	25	35	45	55
6	16	26	36	46	56
7	17	27	37	47	57
8	18	28	38	48	58
9	19	29	39	49	59
10	20	30	40	50	

Das Interessanteste passiert natürlich direkt nach der 59. Wie schrieben sie 60 auf? Nun ja, 60 wurde einfach wieder als 1 aufgeschrieben! Also fast so, wie wir es tun: Wir beginnen nach 9 auch wieder mit der 1. Es gibt natürlich schon einen wichtigen Unterschied. Bei uns steht nach der 1 noch eine 0. Die 0 gibt an, dass die 1 nicht für einen Einer steht, sondern für den Zehner.

Wie würde ein Babylonier die Zahl 345 aufschreiben? Es passt fünfmal 60 hinein und dann noch 45. Oder besser: Erst kommt das Symbol für 5 (fünf Nägel also) und danach das Symbol für 45. Und 45 sah wie vier Zehner (Winkel) und fünf Einer (Nägel) aus, wie wir gerade gesehen haben.

Die Babylonier konnten also einer Zahl nicht ansehen, ob sie für Einer, 60er, 3600er oder sogar noch höhere Potenzen stand. Ist das unpraktisch? Manchmal vielleicht ja, aber meist wahrscheinlich nicht. In einer konkreten Situation kann man am Kontext wirklich gut sehen, welche Zahl gemeint ist, und um einen Faktor 60 wird man sich in der Praxis nicht so schnell täuschen.

Aber trotzdem: Manchmal willst du vielleicht eine Zahl wie 3601 aufschreiben und da stehen dann zwei Einsen nebeneinander. Das könnte natürlich auch 3660 bedeuten! Und das ist dann schon ein bisschen irritierend.

Auch hierfür fanden die Babylonier etwas. Erst gebrauchten sie einfach eine Leerstelle, aber später hatten sie ein eigenes Symbol für so eine leere Stelle. Das Symbol ähnelt gewissermaßen unserer Null, aber es gibt schon einen Unterschied. Das Symbol für eine leere Stelle war nämlich selbst keine Zahl und stand somit, anders als unsere Null, für „nichts". Dieses Symbol wurde übrigens nie ans Ende einer Zahl gesetzt, also sahen 60 und 1 weiterhin gleich aus.

Aber das ist noch nicht alles: Auch $\frac{1}{60}$ sah so aus und $\frac{1}{3600}$ auch. Die Babylonier gebrauchten nämlich für Bruchzahlen dasselbe System. Das machen wir natürlich auch: Unsere 0,25 bedeutet einfach zwei Zehntel und fünf Hundertstel. Der größte Unterschied zu unserem System ist, dass die Babylonier so etwas wie ein Komma nicht kannten. Ein Nagel mit zwei Winkeln dahinter kann also sowohl $60+20=80$ als auch $1+\frac{20}{60}=1\frac{1}{3}$ bedeuten.

Das babylonische Zahlensystem wurde zum Beispiel bei Berechnungen in der Astronomie gebraucht, aber auch im Handel. Die Babylonier beschäftigten sich außerdem mit abstrakter Mathematik, sie konnten also mehr als alle anderen ein bisschen rechnen. Sie kannten beispielsweise bereits den Satz des Pythagoras und konnten bestimmte Arten von quadratischen Gleichungen lösen.

Die Babylonier waren auch diejenigen, die den Kreis in 360 Grad aufteilten. Wir wissen nicht genau, warum sie das taten. Aber sie teilten ein Grad in 60 Minuten und diese wiederum in 60 Sekunden und darin ist der Einfluss ihres Sexagesimalsystems gut zu erkennen. Die Aufteilung des Tages in 24 Stunden kommt aus Ägypten, aber in unserer Stunde mit 60 Minuten und unserer Minute mit 60 Sekunden sehen wir noch immer den babylonischen Einfluss.

Eine Reihe Quadrate

Neulich machte ich mit meinen Schülern der Orientierungsstufe ein Mathe-Quiz. Ich stellte unter anderem die Frage: Welche drei Zahlen folgen in der Reihe 1, 4, 9, 16 … ? Jetzt kann man sich streng genommen zu drei beliebig folgenden Zahlen eine mathematische Regel ausdenken, die genau die Zahlen ergibt, aber meine Schüler gingen lebhaft auf die Suche nach einem nicht zu komplizierten Muster, und sie fanden eines. Alle Gruppen nannten als folgende drei Zahlen 25, 36 und 49. Auf Nachfrage nach dem Muster, das sie gefunden hatten, sagten sie: „Nun, erst hast du 1, dann fügst du 3 hinzu, dann 5, dann 7 und so weiter, also du fügst immer die folgende ungerade Zahl hinzu." Das stimmt ganz und gar.

Aber vielleicht denkst du nun überrascht: „Hey, aber das sind doch genau die Quadrate?" Das stimmt auch: $1^2 = 1$, $2^2 = 4$, $3^2 = 9$ und $4^2 = 16$. Das ist lustig. Meine Schüler aus der Orientierungsstufe hatten noch nicht gelernt, was ein Quadrat ist. Offenbar ist ihre übliche Vorgehensweise bei so einer Folgenbildungsaufgabe,f nach den Unterschieden zwischen zwei aufeinanderfolgenden Zahlen zu suchen und zu schauen, ob darin eine offensichtliche Regelmäßigkeit enthalten ist. Und sie hatten sie gefunden.

Nun ist es auf den ersten Blick wirklich verrückt, dass die Regelmäßigkeit meiner Schüler (immer die folgende ungerade Zahl dazu zu addieren) und die Regelmäßigkeit, die mir direkt ins Auge springt (die Reihe der Quadrate), dieselben drei folgenden Zahlen ergeben. Also kannst du dich fragen: Ist das Zufall? Oder geben diese zwei Arten auch bei der vierten, fünften, sechsten und hundertmillionsten Zahl dieselben Antworten?

Bei der Regel meiner Schüler zählst du nacheinander etwas zur 1 hinzu: erst 3, dann 5, dann 7, 9 und so weiter. Die achte Zahl in der Reihe ist also die Summe (Addition) der ersten acht ungeraden Zahlen. Allgemein formuliert: Die n-te Zahl in der Reihe ist die Summe der ersten n ungeraden Zahlen, egal, welche Zahl n ist. Aber wenn wir die Reihe mit der Quadratregel fortsetzen, ist die n-te Zahl in der Reihe das Quadrat der Zahl n, oder n^2. Die Frage ist also: Sind die Reihen wirklich dieselben, oder: Ist die Summe der ersten n ungeraden Zahlen gleich n^2, für alle n? Ja, das ist so, und es ist sogar ziemlich einfach zu erkennen, warum!

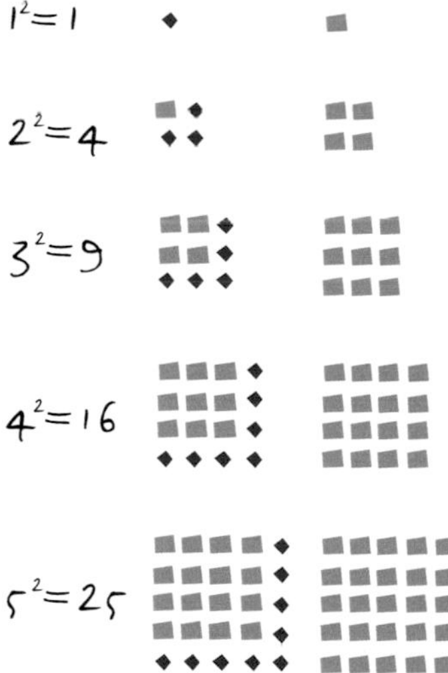

Eine einfache Bilderreihe zeigt, was dabei passiert. Wir beginnen mit der Zahl 1: das eine pinke Quadrat links oben. Dann zählen wir 3 dazu, in dem Bild darunter angedeutet durch die drei pinken Quadrate. Diese drei Quadrate sind so hingelegt, dass genau ein Quadrat von 2×2 entsteht, also siehst du sofort, dass dort 2^2 Quadrate liegen. Und so machen wir weiter. Wenn dort ein Quadrat von n mal n Quadraten liegt, das also aus n^2 Quadraten besteht, dann müssen wir $n+n+1$ oder $2n+1$ Quadrate dazulegen, um das nächste Quadrat zu legen. Und $2n+1$ ist genau die nächste ungerade Zahl.

Übrigens, mach dir keine Sorgen: Inzwischen wissen meine Schüler auch, was Quadrate sind.

Jeanine

Wo sind die normalen Zahlen?

Eine der merkwürdigsten Fragen in der Mathematik handelt von normalen Zahlen. Eine Zahl heißt normal, wenn in ihren Dezimalen jede Ziffernfolge genauso oft vorkommt, wie du aufgrund einer zufälligen Verteilung erwarten würdest. Die 1 muss also genauso oft vorkommen wie die 4 oder die 7. Und ordentlicherweise muss eine von zehn Ziffern eine 3 sein, eines von hundert Paaren muss 56 sein und so weiter. Bei der Champernowne-Zahl (die nach dem Mathematiker benannt ist, der sie 1933 als Erster aufschrieb), geht das zum Beispiel ausgezeichnet:

$$0{,}12345678910111213141516171819202122\ldots$$

Nach dem Komma schreibst du einfach alle Zahlen, die du durch Durchzählen erhältst, auf, und damit machst du unendlich lange weiter. In dieser Konstante ist eine von zehn Ziffern eine 3, eines von hundert Paaren eine 56 und so weiter. Es gibt nur eine kleine Tücke: Eine Zahl heißt nur dann normal, wenn diese gleichmäßige Verteilung für alle Zahlensysteme gilt. Wenn du eine Zahl binär oder – wie die Babylonier – in einem Sexagesimalsystem aufschreibst, muss auch jede Zahlenfolge mit der richtigen Häufigkeit vorkommen. Und leider ist die Champerown'sche Konstante nicht in jedem Zahlensystem normal.

Gibt es überhaupt normale Zahlen?

1909 bewies der französische Mathematiker Émile Borel, dass es sehr viele normale Zahlen gibt. Mehr noch, er bewies, dass fast jede Zahl normal ist. Wenn man aus einem Zahlenstrahl eine willkürliche Zahl heraussticht, dann ist die Wahrscheinlichkeit 1, dass man eine normale Zahl erwischt. Aber jetzt kommt das Verrückte: Borel konnte keine einzige konkrete normale Zahl vorzeigen. Er wusste also, dass fast jede Zahl normal war, aber konnte nicht einmal ein einziges Beispiel finden.

Erst 1917 gelang es Wacław Sierpiński (dem Mathematiker des Sierpiński-Fraktals aus Kap.1) als Erstem, ein Beispiel für eine normale Zahl zu geben. Er gebrauchte dafür eine verzwickte Konstruktion mit unendlich vielen Intervallen. Mit seinen eigenen Worten: „Es war sicher nicht leicht, eine normale Zahl zu konstruieren. Beispiele solcher Zahlen sind ziemlich verzwickt."

Mittlerweile sind wir eigentlich nicht so viel weiter gekommen. Wir können eine Handvoll normale Zahlen konstruieren, aber von der Mehrzahl der Zahlen haben wir keine Ahnung, ob sie normal sind. Es gibt starke Vermutungen, dass zum Beispiel π und $\sqrt{2}$ normale Zahlen sind. Aber sicher wissen wir es nicht. Das Traurige ist, dass wir eigentlich herzlich wenig über die Dezimalstellen von π wissen. Wir wissen, dass π unendlich viele Dezimalstellen hat und dass es kein wiederholendes Muster in diesen Dezimalen gibt. Aber ob unendlich viele Einsen darin enthalten sind, ist eine offene Frage. Es ist theoretisch sehr gut möglich, dass π nach einer endlichen Anzahl von Dezimalen nur mit Dreien und Siebenen weitergeht…

Das Suchen nach verschlüsselten Botschaften in der unendlichen Reihe der Dezimalstellen von π ist ein populäres Hobby. Indem man die Ziffern in Buchstaben umsetzt, kann man Sätze wie „God bestaat" (dt.: Gott existiert) in den Dezimalstellen entdecken. Aber wenn π wirklich eine normale Zahl ist, dann kommt jede Ziffernreihe darin vor. Dann müsste auch der Satz „God bestaat niet" (dt.: Gott existiert nicht) von selbst einmal in den Dezimalstellen auftauchen, genau wie der gesamte Text von *Hamlet* oder dieses komplette Buch.

Kapitel 3
Kugeln und Polyeder: Geometrie

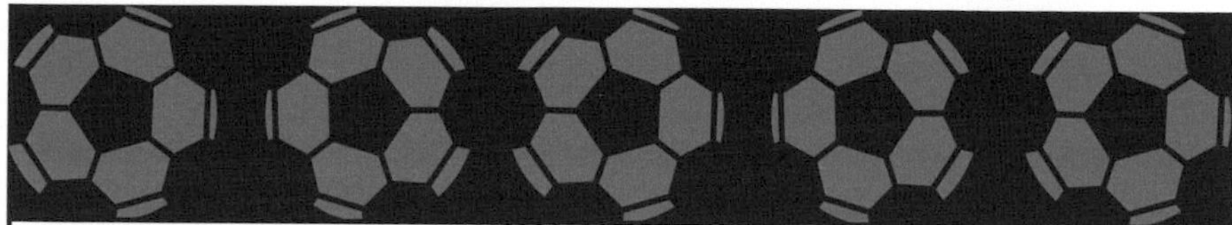

Ein faszinierender Zweig der Mathematik ist die Geometrie. Ihr kennt vielleicht noch die endlosen Beweise über Ähnlichkeiten von Dreiecken der weiterführenden Schule. Diese kommen in diesem Kapitel kaum vor. Wir wollen vor allem die Geometrie räumlicher Objekte zeigen, und zwar von häufig schönen, dekorativen Gegenständen wie Pyramiden, Kuben, Kugeln und viel komplizierteren Formen.

Wir behandeln außerdem zwei seltsame räumliche Objekte mit besonderen Eigenschaften. Das Möbiusband hat zum Beispiel nur eine einzige Seite. Das untersuchen wir in einem „Do-it-yourself". Auch bei der Klein'schen Flasche ist nicht so klar, was „innen" und „außen" genau bedeutet. Beide Objekte kommen in der Arbeit von Lewis Carroll vor und in seinen Geschichten über Sylvie und Bruno wird auch beiläufig erzählt, wie man selbst eine Klein'sche Flasche nähen kann. Auch das ahmen wir in einem „Do-it-yourself" nach.

Auf einer Kugel sieht die Geometrie anders aus als auf einer ebenen Fläche. So ergeben beispielsweise die Winkel eines Dreiecks zusammen mehr als 180 Grad! Und was passiert, wenn man um so eine Kugel, zum Beispiel um die Erde, ein Seil spannt und danach das Seil einen Meter länger macht? Wie viel hängt das Seil dann über dem Boden?

Dieses Kapitel enthält auch ein würziges Stückchen über den Euler'schen Polyedersatz. Der Satz selbst ist nicht so kompliziert, aber der Beweis ist es schon ein bisschen. Aber wir finden es wichtig zu zeigen, wie man nun wirklich etwas beweist.

In der Rubrik „Sternschnuppen" treffen wir den alten Griechen Archimedes.

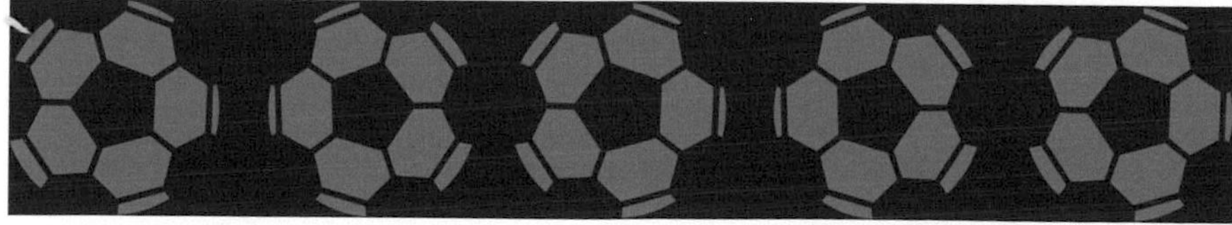

J. Daems, I. Smeets, *Mit den Mathemädels durch die Welt*,
DOI 10.1007/978-3-662-48099-1_3

Geometrie auf einer Kugel

Die Geometrie, die man in der Schule lernt, dreht sich vor allem um Linien und Dreiecke in einer ebenen Fläche. Man lernt zum Beispiel, dass die Summe aller Winkel eines Dreiecks immer 180 Grad ergibt. Aber man kann auch auf anderen Dingen Geometrie betreiben, zum Beispiel auf einer Kugel.

Wenn man mit einem Flugzeug von Amsterdam nach New York fliegt, fliegt man oft über Grönland. Auf einer Landkarte sieht diese Route so aus, als ob man eine merkwürdige Kurve geflogen sei, während es doch die kürzeste Route ist. Das kommt daher, dass die Erde eine Kugel ist und die Kugeloberfläche gekrümmt.

Auf einer ebenen Fläche sind gerade Linien die kürzesten Strecken. Um Kreisgeometrie betreiben zu können, müssen wir wissen, was gerade Linien auf einer Kugel sind. Die cleverste Definition, die wir wählen können, ist genau dieselbe wie die in der ebenen Fläche: Eine gerade Linie zwischen zwei Punkten auf einer Kugel ist der kürzeste Abstand zwischen diesen beiden Punkten.

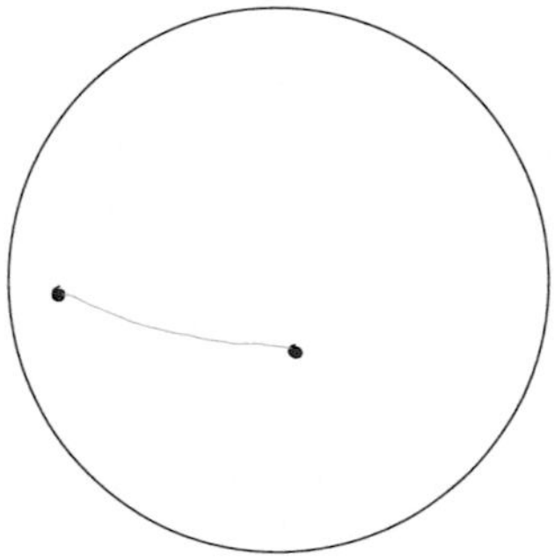

Auf einer Kugel sind diese kürzesten Abstände Stücke von sogenannten Großkreisen. Das sind die größtmöglichen Kreise, die über eine Kreisoberfläche laufen. Wenn du eine Kugel durch einen Großkreis in zwei Teile schneiden würdest, dann scheidest du genau durch den Mittelpunkt der Kugel, und die zwei Stücke der Kugel, die du übrig behältst, sind gleich groß. Auf der Erde ist der Äquator zum Beispiel ein Großkreis und die Meridiane sind halbe Großkreise.

Zwei Punkte auf einer Kugel mit einem Stückchen eines Großkreises dazwischen.

Auf einer ebenen Fläche hat man immer nur einen kürzesten Abstand zwischen zwei Punkten, aber auf einer Kugel ist das nicht so: Der Nord- und Südpol werden durch unzählbar viele Meridiane verbunden, die alle genau gleich lang sind. Das zeigt, dass die Kreisgeometrie wirklich anders ist.

Die Definition eines Kugeldreiecks liegt nun auf der Hand: drei Punkte, die durch Linienstücke verbunden sind. Ein Beispiel so eines Kugeldreiecks auf der Erde erhält man, indem man den Nordpol und zwei verschiedene Punkte auf dem Äquator nimmt und Linien dazwischen zieht. Diese Linien sind dann also ein Stückchen Äquator und zwei halbe Meridiane.

Welche Summe haben in diesem Fall die Winkel? Der Winkel zwischen dem Äquator und einem Meridian ist 90 Grad. In unserem Dreieck gibt es also schon zwei Winkel mit 90 Grad und dann kommt der Winkel, den die zwei Meridiane beim Nordpol bilden, noch dazu. Die Summe ist also in jedem Fall größer als 180 Grad! Und das gilt für alle Dreiecke auf einer Kugel. Zeichne ruhig mal ein paar Dreiecke auf einen Wasserball oder Ballon, wenn du es nicht glaubst.

Unsere Erde ist so groß, dass wir von der Krümmung meist wenig merken und dass ein Dreieck, das man in den Sand zeichnet, sich eigentlich nicht von einem in einer ebenen Fläche unterscheidet. Und das ist ein weiteres besonderes Kennzeichen von Kugeldreiecken: Je größer das Dreieck in Bezug auf die ganze Kugel, desto größer ist der Unterschied zwischen der Summe der Winkel und 180 Grad. Die Winkelsumme kann maximal 540 Grad betragen, wenn man alle drei Punkte der Dreiecke auf den Äquator zeichnet.

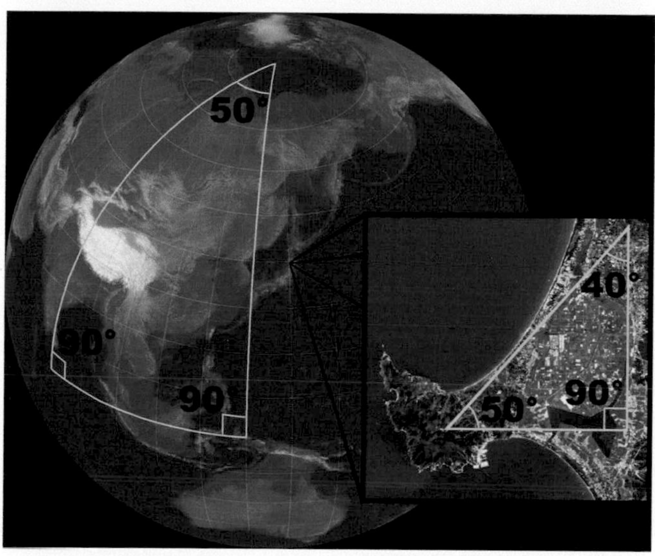

Ein Dreieck mit einer Winkelsumme von 230 Grad auf der Erde. Von einem kleineren Dreieck ist die Winkelsumme schon ungefähr 180 Grad.

Museumstipp Science Museum

Freier Eintritt und sehr groß: das Science Museum in London. Es schenkt nicht ausschließlich der Mathematik Beachtung, aber es gibt schon eine Abteilung mit Modellen mathematischer Objekte und mit allerlei altmodischen mathematischen Instrumenten wie Rechenschiebern und analogen Rechenmaschinen. Auch im Rest des Museums kann man viel Schönes machen; so kannst du dahinterkommen, wie du später einmal aussiehst, wenn du alt bist!

Mehr Informationen unter: **www.sciencemuseum.org.uk**

Rätsel Seil um die Erde

Ein Seil ist straff um den Äquator der Erde gespannt, wie ein Ring um einen Finger. Es ist also ein sehr langes Seil, mehr als 40.000 Kilometer. Jetzt schneidest du das Seil durch und setzt einen Meter zusätzliches Seil dazwischen. Dann hebst du das Seil überall ein bisschen hoch, sodass es an jedem Ort gleich weit weg von der Erdoberfläche ist. Wie viel Platz ist jetzt zwischen dem Seil und der Erde? Ungefähr so viel wie ein Elektron? Wie eine Bakterie? Eine Zeitung? Eine Katze? Ein Elefant? Die richtige Antwort geht wahrscheinlich völlig gegen deine Intuition!
(Die Lösung steht am Ende dieses Buches.)

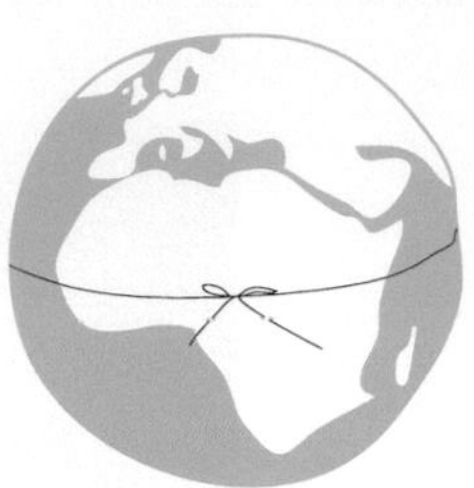

Der Euler'sche Polyedersatz

Der Euler'sche Polyedersatz handelt, wie der Name schon sagt, von Polyedern (Vielflächnern). Ein Polyeder ist eine räumliche Figur, die durch Seitenflächen begrenzt ist, und all diese Seitenflächen sind Vielecke. Beispiele für Polyeder sind der Würfel, der Balken, die Pyramide und so weiter.

Die Seiten dieser Flächen, wo also zwei Vielecke aneinandergrenzen, nennen wir die Kanten des Polyeders.

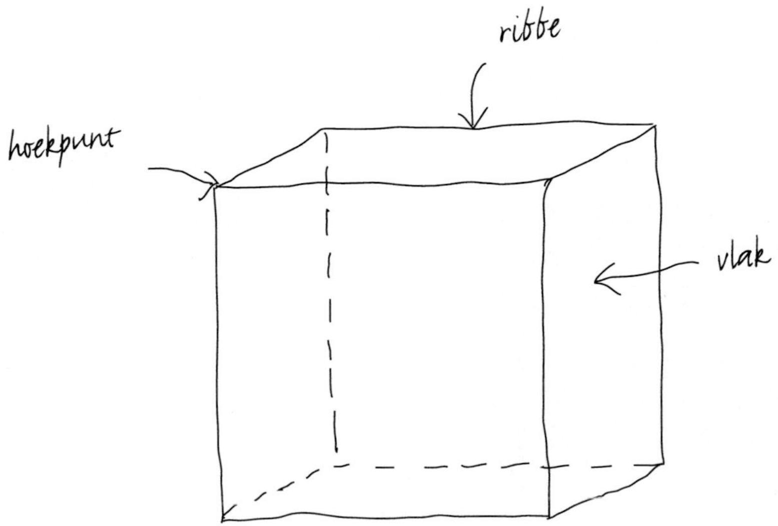

hoekpunt = Ecke, ribbe = Kante, vlak = Fläche

Ein Polyeder muss aus einem Stück bestehen: Es darf nicht heimlich aus zwei Stücken bestehen, die lediglich eine gemeinsame Kante oder eine gemeinsame Ecke haben.

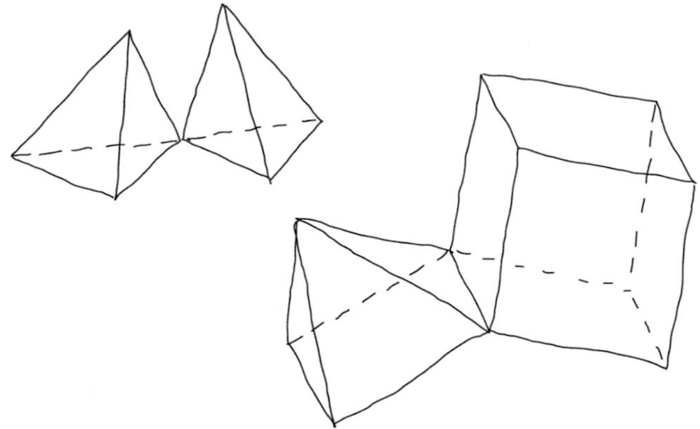

Diese beiden Objekte sind also keine Polyeder.

Jetzt musst du noch mal selbst an die Arbeit! Nimm dir ein Polyeder, das du in der Nähe hast, zum Beispiel einen Balken, ein abgestumpftes Ikosaeder (das wie ein Fußball aussieht, für diese Aufgabe genügt auch ein Fußball) oder ein anderes schönes Objekt, das mathematisch gesehen ein Polyeder ist. Zähle jetzt von dem ausgewählten Objekt, wie viele Flächen, Kanten und Ecken es hat, und setze die Werte in die Tabelle ein. (Die Lösung steht am Ende dieses Buches.)

	Anzahl der Flächen	Anzahl der Kanten	Anzahl der Ecken	Anzahl der Flächen - Anzahl der Kanten + Anzahl der Ecken
Würfel	6	12	8	$6-12+8=2$
Fußball				
Balken				
Pyramide				
...				
...				

Was fällt dir auf? Ja, genau: In der letzten Spalte steht immer die Zahl 2. Für jedes Polyeder, dass du betrachtet hast, gilt, dass die Anzahl der Flächen minus die Anzahl der Kanten plus die Anzahl der Ecken gleich 2 ist bzw. $F–K+E=2$, wobei F für die Anzahl der Flächen steht, K für die Anzahl der Kanten und E für die Anzahl der Ecken.

Der berühmte schweizerische Mathematiker Leonhard Euler (1707-1783) war der Erste, der diese Regelmäßigkeit 1750 entdeckte. Er war überrascht, dass niemand eher darauf aufmerksam gemacht hatte, während doch mehr als 2000 Jahre an Polyedern gearbeitet wurde. Bis zu Eulers Zeit schauten Mathematiker aber vor allem auf eine geometrische Weise auf Polyeder, was heißt, dass sie vor allem an den Eigenschaften interessiert waren, die mit messbaren oder berechenbaren Größen zu tun hatten: Längen von Seiten und Diagonalen, Oberflächen von Seitenflächen, Winkelgrößen. Euler war der Erste, der Polyeder klassifizierte, indem er Eigenschaften zählte.

Dass diese Formel für die Polyeder stimmt, die du zufällig in der Nähe liegen hattest, garantiert natürlich nicht, dass die Formel für alle Polyeder gilt, die du dir ausdenken kannst. Wenn du sicher wissen willst, dass die Formel immer aufgeht, brauchst du also einen Beweis. Eulers eigener Beweis war nicht ganz vollständig. Der erste Beweis, der unseren modernen Maßstäben entspricht, ist der von Adrien-Marie Legendre (1752-1833) aus dem Jahre 1794. Aber hier betrachten wir einen anderen Beweis.

Ein Beweis des Polyedersatzes

Ein sehr schöner, einsichtiger Beweis der Formel ist von Augustin Louis Cauchy (1789-1857). Dieser Beweis funktioniert nur für konvexe Polyeder. „Konvex" bedeutet, dass, wenn du eine gerade Linie von einem Punkt innerhalb des Polyeders zu einem anderen Punkt innerhalb des Polyeders zeichnest, die ganze Linie innerhalb des Polyeders liegt. Für manche nicht-konvexen Polyeder gilt diese Formel auch, aber bei Weitem nicht für alle.

Das ist ein nicht-konvexes Polyeder. Wenn du zwei Punkte in verschiedenen Vorsprüngen wählst, dann liegt die gerade Linie zwischen diesen beiden Punkten nicht ganz innerhalb des Polyeders.

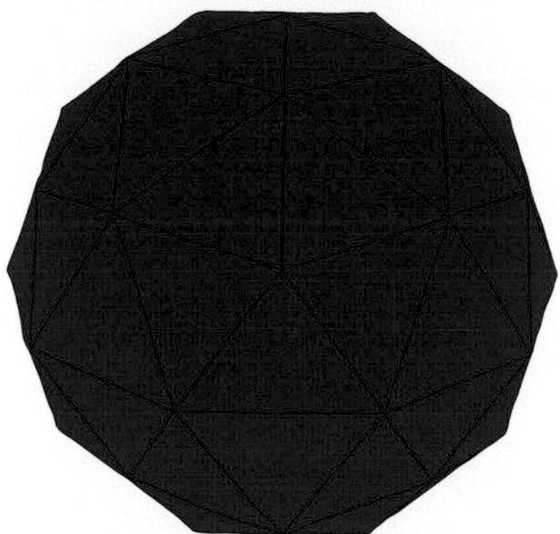

Das ist ein konvexes Polyeder, denn jede gerade Linie zwischen zwei Punkten, die innerhalb des Polyeders liegen, liegt vollständig innerhalb des Polyeders.

Stell dir ein konvexes Polyeder vor und tu so, als ob eine der Flächen nicht da sei. Sorge dafür, dass diese Fläche an der Oberseite ist, sodass du eine Art Dose hast. Stell dir jetzt vor, dass die Dose flexibel ist: Du kannst sie nicht zerreißen, aber schon so weit dehnen, wie du willst, und blasenartige Flächen kannst du platt machen. Die Falten (Kanten) und die Ecken bleiben dabei noch sichtbar.

So sieht die Situation aus, wenn du mit einem Kubus begonnen hast. Die Bilder in diesem Abschnitt illustrieren den Prozess des Beweises für die Kuben, aber dieser Prozess funktioniert für jedes konvexe Polyeder.

Zieh die Oberseiten der Dose so weit auseinander, dass du sie danach platt auf den Boden drücken kannst. Die Flächen dürfen sich nicht überlappen. Zieh die Kanten wieder gerade.

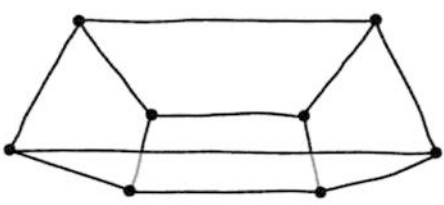

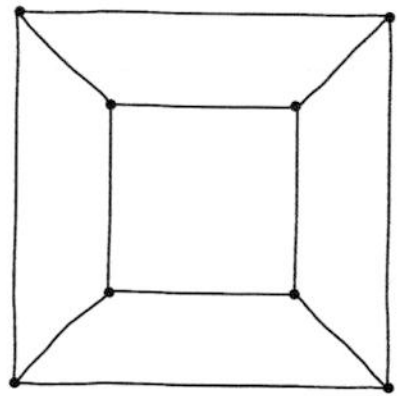

Nun erhältst du einen Graphen (Graphen begegnen wir noch später in Kap.l 7). Ein Graph besteht aus einer Menge Punkten (die man oft Knoten nennt) und Linien dazwischen (auch Kanten genannt).

Was sagt Eulers Ausdruck $F–K+E$ über diesen Graphen? Nun, wir haben genauso viele Flächen wie das Polyeder hatte, außer der Fläche, die wir zu Beginn weggelassen hatten. Die Anzahl der Flächen ist also $F–1$. Aber wir können den Außenbereich, der entstanden ist, ruhig als die fehlende Fläche mitzählen, dann haben wir wieder F Flächen.

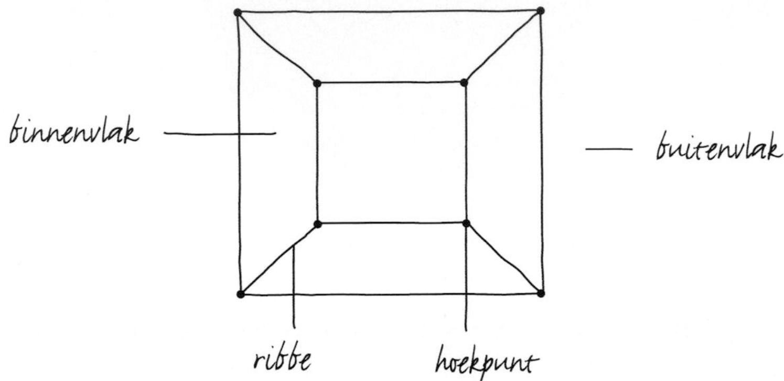

binnenvlak = Innenfläche, buitenvlak = Außenfläche, ribbe = Kante, hoekpunt = Ecke

Wie viele Linien gibt es? Genauso viele, wie es Kanten gab, also K. Und wie viele Punkte? Genauso viele, wie es Ecken gab, also E. Kurz gesagt: Für diese Figur gilt, dass es F Flächen gibt, K Linien und E Ecken.

Wir müssen also beweisen, dass die Gleichung $F–K+E=2$ für jeden Graphen aufgeht, den du erhalten kannst, wenn du ein konvexes Polyeder auf diese Weise in einen Graphen veränderst.

Nimm also an, dass du so einen Graphen hast. Wir werden diesen Graphen in kleinen Schritten verändern, bis ein ganz einfacher Graph übrig bleibt. Es gibt drei Arten von Schritten, die du tun darfst, und die Schritte verändern den Wert von $F–K+E$ nicht! Wenn wir also bei einem Graphen landen, für den $F–K+E$ gleich 2 ist, dann war das auch schon in dem Graph so, mit dem wir begonnen haben.

Schritt 1. Wenn eine Fläche mit mehr als drei Ecken erscheint, darfst du zwei der Ecken durch eine Linie miteinander verbinden, sodass die Fläche in ein Dreieck und eine andere Fläche zerfällt.

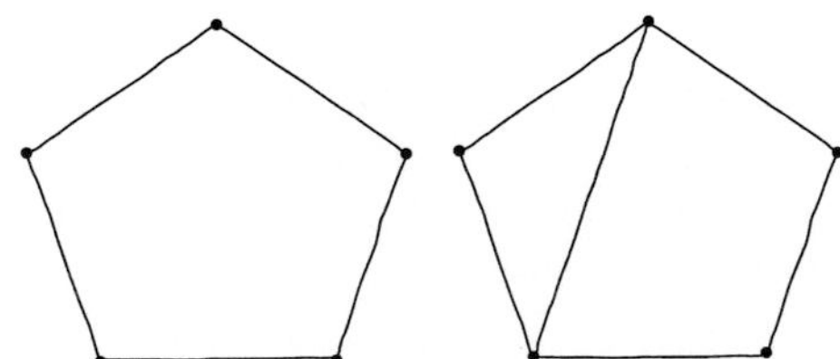

Wenn wir diesen Schritt ausführen, wie verändern sich dann F, K und E? F wird um 1 größer, denn es ist eine zusätzliche Fläche hinzugekommen. Auch K wird um 1 größer, denn es gibt eine zusätzliche Linie. E bleibt gleich. Kurz gesagt: $F–K+E$ ist gleich geblieben.

Du wiederholst Schritt 1 genau so lange, bis der Graph nur noch aus Dreiecken besteht. Du stellst fest, dass ein Dreieck, das an der Außenseite des Graphen liegt, entweder mit einer oder mit zwei Seiten an den Außenbereich grenzt. Mit diesen Dreiecken machen wir in den Schritten 2 und 3 weiter.

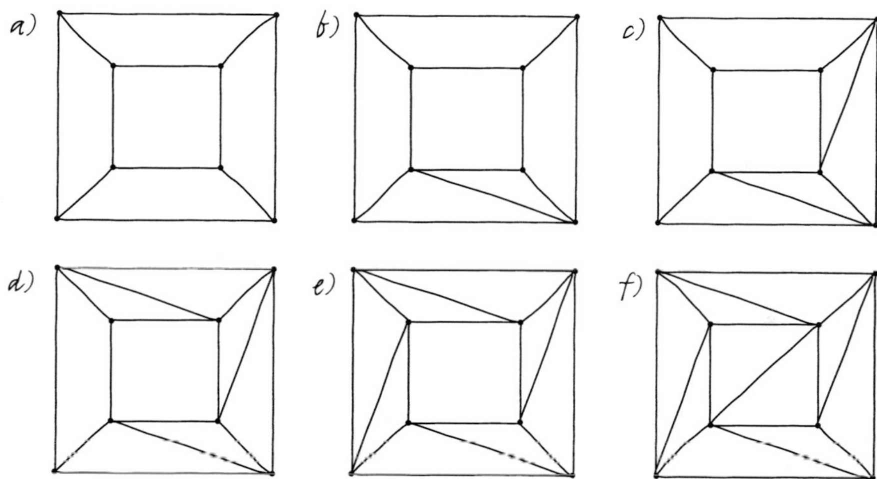

Hier wird Schritt 1 mehrfach für den Fall des Kubus ausgeführt.

Schritt 2. Ein Dreieck, das mit einer Seite an den Außenbereich grenzt, kannst du wegnehmen, indem du diese eine Seite entfernst.

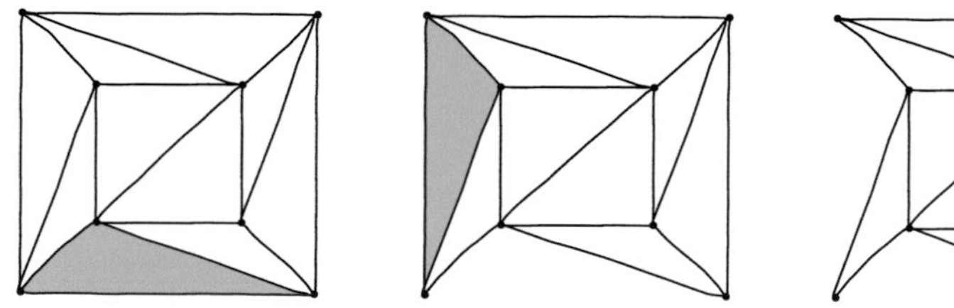

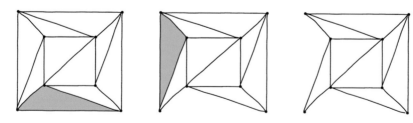

Hier wird Schritt 2 zweimal ausgeführt.

Was passiert dann mit F, K und E? Es gibt eine Fläche weniger, also wird F um 1 kleiner. Es gibt eine Kante weniger, also wird auch K um 1 kleiner. Der Ausdruck $F–K+E$ verändert sich also wieder nicht.

Schritt 3. Ein Dreieck, das mit zwei Seiten an einen Außenbereich grenzt, kannst du wegnehmen, indem du die beiden Seiten und die Ecke dazwischen wegnimmst.

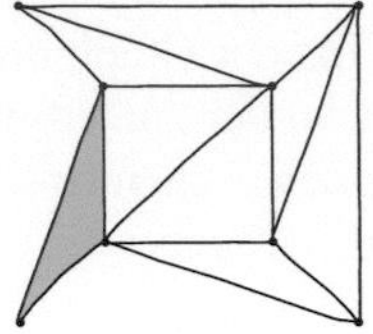
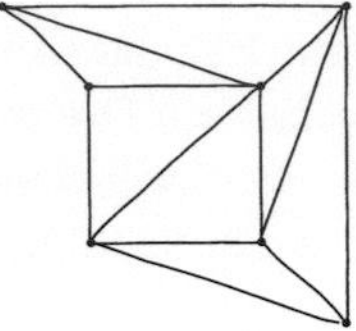

Was passiert dann mit F, K und E? Die Anzahl der Flächen F wird wieder um 1 kleiner. Jetzt sind zwei Kanten verschwunden, also fällt K um 2. Und eine Ecke ist weg, also wird E um 1 kleiner. Der Ausdruck $F–K+E$ bleibt dann wieder gleich, denn $(F-1)–(K-2)+(E-1)=F–1–K+2+E-1=F–K+E$.

Die Idee von Cauchy war, wiederholt alle Dreiecke an der Außenseite wegzunehmen, sodass schließlich nur noch ein Dreieck übrig ist. Es ist klar, dass dieser Prozess immer abbricht: Es gibt nur eine endliche Anzahl von Flächen, also ist nach einer Weile tatsächlich nur noch ein Dreieck übrig. Für das Dreieck gilt: $F = 2$ (das Dreieck und das Außengebiet), $K = 3$ und $E = 3$. Dann gilt also $F–K+E = 2–3+3 = 2$. Und weil sich während der ganzen Prozedur $F–K+E$ nicht verändert hat, musste auch zu Beginn für das originale Polyeder gelten, dass $F–K+E$ gleich 2 war!

Dieser Beweis enthält noch eine Feinheit: Wenn du die Schritte 2 und 3 in einer ungeschickten Reihenfolge ausführst, kann es passieren, dass du nicht ein, sondern ein paar einzelne Dreiecke übrig behältst. Darum musst du gut aufpassen und wenn du die Wahl zwischen Schritt 2 und 3 hast, immer Schritt 3 wählen. Letztendlich kannst du immer bei einem Dreieck rauskommen.

Für ein Polyeder mit einem Loch darin (stell dir zum Beispiel ein Polyeder vor, dass wie ein Donut aussieht), gilt nicht $F–K+E = 2$, sondern $F–K+E = 0$. Und wenn es zwei Löcher hat, gilt $F–K+E = -2$. Und so weiter. Der obige Beweis gilt auch tatsächlich nicht für Polyeder mit Löchern, denn die sind nicht konvex. So sagt das Ergebnis von $F–K+E$ also etwas über die Struktur des Objekts. Diese Zahl wird heutzutage auch die Euler-Charakteristik genannt.

Fußball

Ich hab‘s nicht so mit Fußball. Aber worum geht es beim Fußball überhaupt? Natürlich um den Ball. Und der Ball ist schon ein schönes Objekt. Also der echte Fußball und nicht diese hippen Bälle, die heutzutage bei größeren Turnieren benutzt werden.

Der klassische Fußball besteht aus zwanzig weißen Sechsecken und zwölf schwarzen Fünfecken. Er sieht wie ein Polyeder aus, ist es aber nicht ganz, weil seine Seitenflächen nicht platt, sondern rund sind. Wenn wir das der Einfachheit halber eben mal vergessen, zählt der Fußball zu den sogenannten archimedischen Körpern.

Ein Polyeder (links) und ein Fußball (rechts).

Ein archimedischer Körper ist ein dreidimensionales Objekt, das sich aus einigen regelmäßigen Vielecken (in unserem Fall regelmäßigen Fünf- und Sechsecken) zusammensetzt, für die noch ein paar zusätzliche Anforderungen gelten: Alle Ecken liegen auf einer Kugel und jede von ihnen sieht in dem Sinne gleich aus, dass in jeder Ecke gleich viele und dieselben Vielecken in derselben Reihenfolge zusammenkommen. Auf einem Fußball kommen in jedem Eckpunkt zwei Sechsecke und ein Fünfeck zusammen. Die letzte Anforderung ist, dass das Objekt kein Prisma oder Antiprisma ist (aber was das bedeutet, ist nicht so wichtig).

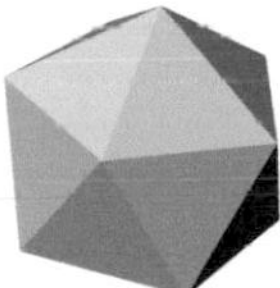

Ein Ikosaeder und ein abgestumpftes Ikosaeder

Für die bekannteren platonischen Körper gilt diese letzte Anforderung nicht, aber dafür ist nötig, dass die Seitenflächen alle genau die gleichen sind. Beispiele sind der Kubus oder das sogenannte Ikosaeder. Ein Ikosaeder bzw. ein regelmäßiger Zwanzigflächner besteht aus 20 gleichseitigen Dreiecken.

Dieses Ikosaeder hat auch was mit Fußball zu tun. Wenn man ein Ikosaeder nimmt und bei jeder Ecke die Kanten bis auf ein Drittel der ursprünglichen Länge absägt, dann erhält man einen Fußball. Darum heißt der Körper, der wie ein Fußball aussieht, auch abgestumpftes Ikosaeder.

Wenn ich Schüler nach symmetrischen Objekten frage, nennen sie sehr schnell den Fußball. Eigentlich hat der Fußball eine sehr komplizierte Symmetrie. Mathematiker nennen ein Objekt symmetrisch, wenn man es drehen, spiegeln, verrücken oder eine Kombination daraus machen kann, es aber danach aussieht, als ob nichts passiert sei (siehe auch Seite 15).

Für einen Fußball gibt es sage und schreibe 120 Drehungen, Spiegelungen oder Kombinationen davon, die man anwenden kann und wonach der Fußball wieder in genau dieselbe Position zurückkommt. Wir sagen dann: Der Fußball hat 120 Symmetrien. Das kannst du jetzt immer sagen, wenn du beim Fußballschauen intelligent daherkommen willst, aber nicht weißt, was Abseits bedeutet: „Aber ich weiß dafür, dass ein gewöhnlicher Fußball ein abgestumpftes Ikosaeder mit 120 Symmetrien ist!"

Jeanine

Museumstipp Mysteriöse Dodekaeder in Tongeren

Es gibt fünf regelmäßige Polyeder (oder Vielflächner), die aus gleichseitigen Vielecken aufgebaut sind. Sie werden auch platonische Körper genannt, weil sie der griechische Philosoph Platon bereits um 400 v. Chr. entdeckte. Er sah in diesen Figuren die Bausteine des Weltalls: Der Kubus stand zum Beispiel für die Erde und das Ikosaeder für das Wasser.

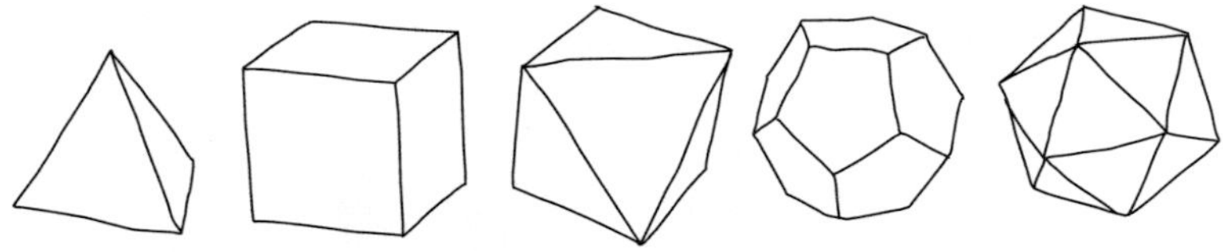

Tetraeder, Kubus, Oktaeder, Dodekaeder und Ikosaeder

Ein paar Jahrhunderte später waren hohle Dodekaeder ultra-hipp im gallo-römischen Reich. Wir haben nicht die leiseste Ahnung, was die Menschen mit diesen Bronzekörpern taten. Konnte man eine Wasserpfeife hineinstellen? Halfen sie, die richtige Zeit zum Ernten zu bestimmten? Oder war es einfach ein Kerzenständer?

Geh mal in das Gallo-Römische Museum in Tongeren, Flandern, und überleg dir, was man mit den schönen Dodekaedern in der Vitrine alles tun könnte. In Tongeren wirst du übrigens wahrscheinlich viel mehr Dodekaeder sehen: Sie werden da reichlich für Statuen und Logos gebraucht.

Mehr Informationen unter: **www.gallo-romeinsmuseum.be**

Sylvie and Bruno

Lewis Carroll (1832-1898) ist vor allem als Autor von *Alice's Adventures in Wonderland*, Alice im Wunderland, bekannt. Lewis Carrol ist das Pseudonym von Charles Lutwidge Dodgson. Was wenige Menschen wissen, ist, dass er nicht nur Autor, sondern auch Mathematiker war (außerdem Dekan in der anglikanischen Kirche und Amateurfotograf).

In Carrolls Erzählungen kommen regelmäßig Verweise auf die Mathematik vor, zum Beispiel in den beiden zusammengehörigen Büchern von Carroll: *Sylvie and Bruno* und *Sylvie and Bruno Concluded*. Die Hauptperson, ein erwachsener Mann, befindet sich abwechselnd in der gewohnten Realität und in einer Traumwelt. In der normalen Welt sehen wir ihn vor allem, wenn er seinen Freund Arthur besucht, einen Arzt, der hoffnungslos in Lady Muriel verliebt ist.

Ab und zu überkommt den zentralen Charakter ein mysteriöses Gefühl und dann gerät er immer, manchmal mehr und manchmal weniger, in eine andere, märchenhafte Welt. Da trifft er die Geschwister Sylvie und Bruno: Feen, die sich auch manchmal in Kinder verwandeln. Sylvie ist die kluge, einfühlsame große Schwester, die darauf achtgibt, dass Bruno seine Lektionen lernt. Bruno kann das natürlich nicht leiden, also versucht er, so oft wie möglich durchzufallen.

In den beiden Büchern steht nicht viel Mathematik, aber in *Sylvie and Bruno Concluded* kommt mathematisch gesehen ein sehr interessantes Kapitel vor. Lady Muriel stellt der Hauptperson *Mein Herr* vor, einen Deutschen, der wie der Professor aussieht, dem er in seiner Traumwelt schon einmal begegnet ist.

Mein Herr betrachtet eine Handarbeit von Lady Muriel. Er fragt sie, ob sie jemals von „Fortunatus' Purse" gehört habe, dem Portemonnaie von Fornunatus. Fortunatus war im 15. und 16. Jahrhundert eine bekannte Figur in deutschen Erzählungen. Er erhielt ein Portemonnaie von der Göttin des Glücks, der er in einem Wald begegnet war. Jedes Mal, wenn er Geld ausgab, füllte es sich von selbst wieder auf!

Mein Herr weiß zu erzählen, dass man aus drei Taschentüchern selbst so ein Portemonnaie von Fortunatus machen kann. Lady Muriel beginnt natürlich sofort damit. Um die Idee dahinter zu verstehen, schauen wir erst nach einem anderen Objekt: dem Möbiusband.

„Kennen Sie den rätselhaften Ring aus Papier?" wandte sich Mein Herr an den Earl. „Wo man die Enden eines Papierstreifens zusammenklebt und vorher das eine Ende um hundertachtzig Grad dreht?"

„Ich habe erst gestern einen gesehen", entgegnete der Earl. „Muriel, mein Kind, hast du nicht für die Kinder, die zum Tee hier waren, einen gebastelt?"

„Ja, diesen verblüffenden Gegenstand kenne ich", sagte Lady Muriel. „Der Ring besitzt nur *eine* Fläche und nur *einen* Rand. In der Tat höchst mysteriös!"

Do-it-yourself: Das Möbiusband

Der Papierring, den Lady Muriel auf der vorangegangenen Seite beschreibt, heißt Möbiusband. Das Objekt wurde 1859 von dem deutschen Mathematiker und Astronomen August Ferdinand Möbius (1790-1868) entdeckt. Ungefähr gleichzeitig und unabhängig von Möbius wurde es auch durch den ebenfalls deutschen Mathematiker Johann Benedict Listing (1808-1882) entdeckt.

Das Möbiusband ist ein zweidimensionales Objekt: Es ist platt. Das Besondere ist, dass es nur eine einzige Seite hat. Außerdem ist das Band nicht orientierbar. Das bedeutet, dass es in dem Band nichts bedeutet, wenn man sagt, dass etwas links oder rechts ist oder mit oder gegen den Uhrzeigersinn läuft: Beim Möbiusband kann man diesen Unterschied nicht sehen. Wenn ein Stück des Bandes eine kleine Uhr wäre und du würdest sie über dem Band verschieben, bis sie auf ihren ursprünglichen Platz zurückkommt, dann würde die Uhr nämlich spiegelverkehrt sein!

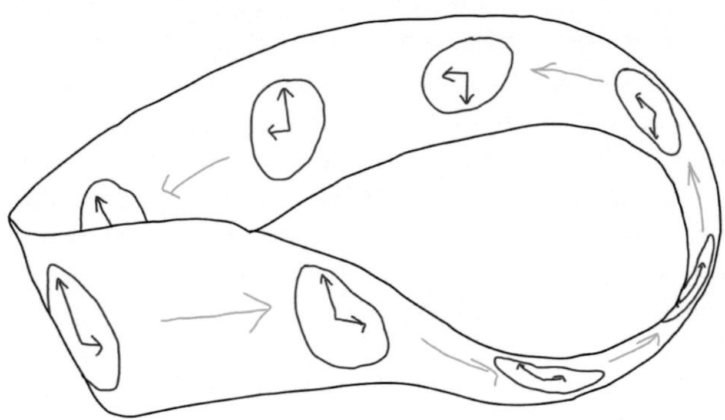

Du brauchst:

- ein langes Stück Papier
- Kleber
- eine Schere

Und so geht es:

1. Nimm ein langes Stück Papier, das ungefähr 3 cm breit ist. Befestige das eine Ende am anderen Ende, sodass ein Ring entsteht. Aber das machst du nicht auf die normale Art und Weise! Nein, du drehst eines der Enden einmal um, sodass du die Oberseite des einen Endes an die Unterseite des anderen festklebst.

2. Jetzt hast du ein Möbiusband. Wenn du genau hinschaust, siehst du, dass es aus einer Oberfläche besteht: Es gibt keine Vorder- oder Rückseite.

3. Was würde passieren, wenn du es der Länge nach durchschneidest? Die meisten Objekte fallen dann in zwei Stücken auseinander. Ist das bei dem Möbiusband auch so? Schnapp dir die Schere und schneide den ganzen Streifen in der Mitte durch, bis du ganz herum bist.

4. Was für eine Form hast du jetzt?

5. Mach es noch einmal: Schneide dein neues Objekt auf dieselbe Art und Weise durch. Welche Form hast du jetzt?

Sternschnuppen: Archimedes

Archimedes (287-212 v. Chr.) wird als einer der wichtigsten Wissenschaftler aus dem klassischen Altertum betrachtet. Er hat wichtige Mathematik entwickelt, aber auch viele praktische Entdeckungen gemacht. So beschrieb er zum Beispiel, wie ein Hebel funktioniert, und entdeckte das sogenannte archimedische Prinzip über den Auftrieb eines Objekts im Wasser. Durch diese Entdeckung konnte er beweisen, dass die Goldkrone eines Königs nicht komplett aus Gold war und somit gefälscht. Der Überlieferung nach entdeckte Archimedes dieses Prinzip im Bad, rannte aus

Enthusiasmus nackt auf die Straße und rief: „Eureka!“ (altgriechisch für „Ich habe es gefunden!“).

Er studierte wahrscheinlich in Alexandria bei Schülern des bekannten Mathematikers Euklid (ca. 300 v. Chr.). Archimedes‘ Beiträge zur Wissenschaft sind sehr vielfältig. Er hat zum Beispiel eine gute Näherung für π gefunden. Das tat er, indem er einbeschriebene und umbeschriebene Vielecke um einen Kreis zeichnete und so Ober- und Untergrenzen für den Umfang eines Kreises fand. Viel später, im 17. Jahrhundert, gebrauchte Ludolph van Ceulen Archimedes‘ Methode, um π besser anzunähern (siehe Seite 80).

Archimedes hat sich auch neue Arten überlegt, um die Oberfläche und den Inhalt von allerlei Formen zu berechnen. So fand er, dass das Volumen einer Kugel $\frac{2}{3}$ des Volumens eines umbeschriebenen Zylinders ist. Er war so stolz auf diese Entdeckung, dass eine Zeichnung dieses Satzes nach seinem Tod auf seinen Grabstein geriet. Er hat noch mehr derartige geometrische Sätze bewiesen. Weiter überlegte er sich eine Art, um große Zahlen aufzuschreiben, sodass er die Größe des Weltalls schätzen konnte.

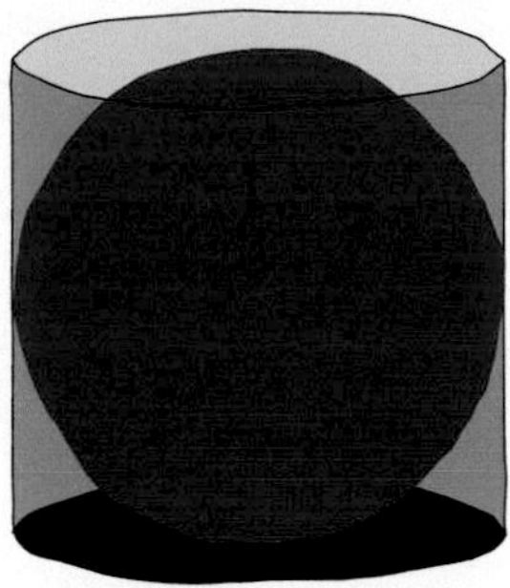

Archimedes war zu seiner Zeit vor allem bekannt, weil er nützliche Kriegswerkzeuge, Hebekräne und Flaschenzüge entwarf. Damals wurden die Punischen Kriege zwischen Karthago (im heutigen Tunesien) und Rom ausgetragen, also war das sehr praktisch. Die Stadt, in der er wohnte (Syrakus auf Sizilien), stand im Ersten Punischen Krieg auf der Seite der Karthager. Im Zweiten Punischen Krieg konnte Syrakus eine Zeitlang gegen die römischen Angriffe standhalten, aber 212 v. Chr. wurde die Stadt eingenommen.

Der Ruhm des Archimedes hatte auch die Römer erreicht. Der römische Befehlshaber Marcellus gab deshalb auch den Auftrag, Archimedes am Leben zu lassen und gefangen zu nehmen. Leider wurde Archimedes aber während der Einnahme der Stadt von einem römischen Soldaten getötet. Die Anekdote erzählt, dass Archimedes gerade dabei war, mathematische Figuren in den Sand zu zeichnen, und dem Soldaten sagte: „Störe meine Kreise nicht!“, woraufhin der Soldat ihn mit seinem Schwert tötete.

Buchtipp Cryptonomicon

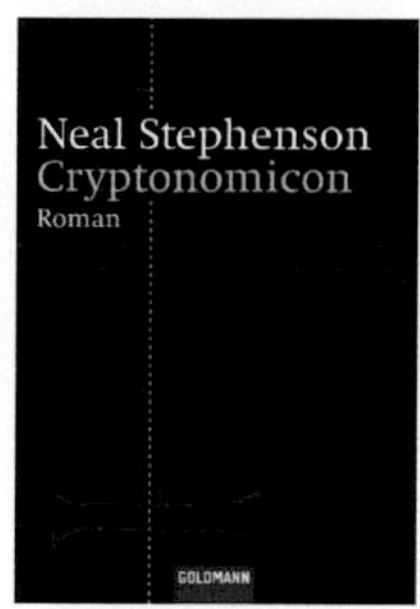

Im 1100 Seiten dicken Bestseller *Cryptonomicon* wechseln sich verschiedene Geschichten ab. Ein Teil ereignet sich während des Zweiten Weltkriegs und ein weiterer spielt irgendwann in den 1990er-Jahren. Kryptografie und Mathematik spielen eine wichtige Rolle. Im Zweiten Weltkrieg erfanden Mathematiker zum Beispiel kluge Dinge, um Codes zu knacken, und noch klügere Dinge, um zu vermeiden, dass der Feind entdeckte, dass sie die Codes geknackt hatten.

Das Buch liest sich unglaublich schnell runter. Stephenson gebraucht den berühmten Kniff, um immer so viel Spannung in einem Erzählstrang aufzubauen, dass man ab-so-lut wissen will, wie es zuende geht, bevor man das Buch weglegen kann. Aber kurz vor der Klimax endet das Kapitel und es beginnt ein neues über andere Figuren in einer anderen Zeit. Cryptonomicon ist die ideale Ferienlektüre, spannend und voller Mathematik!

Neal Stephenson, **Cryptonomicon.** München: Goldmann, 2005.

Do-it-yourself: Die Klein'sche Flasche

Es gibt einen Körper, der etwas verzwickter ist als das Möbiusband: die Klein'sche Flasche. Dieses Objekt ist nach dem deutschen Mathematiker Felix Klein (1849-1925) benannt, der es 1882 zum ersten Mal beschrieb.

Genau wie das Möbiusband ist die Klein'sche Flasche selbst zweidimensional, es ist eine Oberfläche. Aber während das Möbiusband in drei Dimensionen lebt (du kannst einfach eines herstellen, wie wir auf Seite 52 gesehen haben), ist es unmöglich, die Klein'sche Flasche in den dreidimensionalen Raum einzubetten, ohne dass sie sich selbst schneidet. Erst in der vierten Dimension gibt es dieses Objekt überschneidungsfrei. Auch die Klein'sche Flasche ist nicht-orientierbar.

Mein Herr erzählt Lady Muriel, wie sie so ein Objekt nähen kann, denn das Portemonnaie von Fortunatus, das Objekt des unendlichen Reichtums, ist faktisch eine Klein'sche Flasche. Du kannst es selbst auch probieren, dein räumliches Vorstellungsvermögen wird auf die Probe gestellt werden!

Du brauchst:

- drei Taschentücher
- Nadel und Faden

Und so geht es:

1. Lege zwei Taschentücher aufeinander.

2. Nähe die rechten oberen Ecken zusammen.

3. Nähe die linken oberen Ecken zusammen.

4. An der oberen Kante entsteht nun eine Öffnung. Pass auf: Diese Öffnung darf nie zugenäht werden.

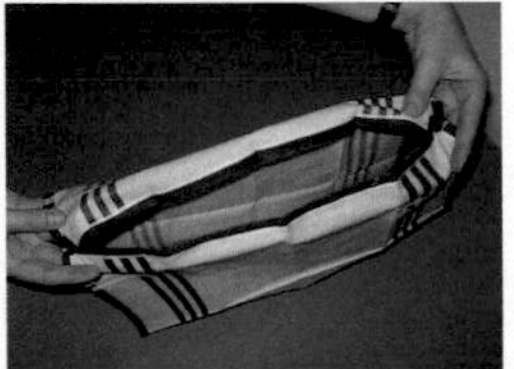

5. Leg die Unterkante des oberen Taschentuchs andersherum auf die Unterkante des unteren Taschentuchs.

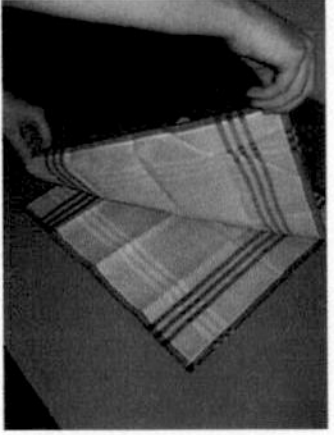

6. Nähe die Unterkanten so aneinander fest.

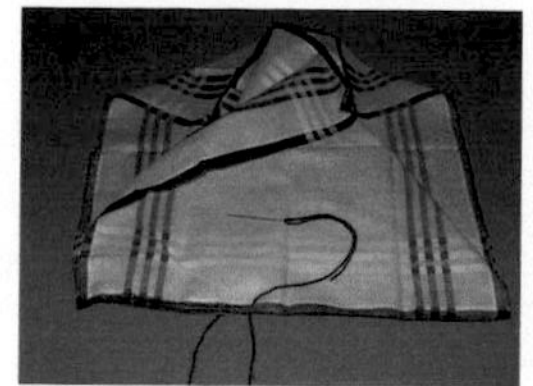

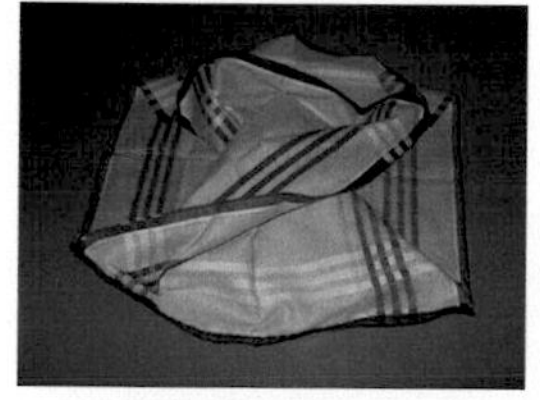

7. Das ist das Ergebnis. Es sind (außer der Öffnung an der Oberkante) noch vier Kanten frei.

8. Jetzt kommt das dritte Taschentuch dazu.

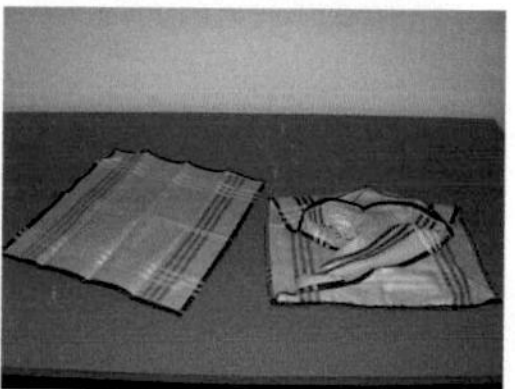

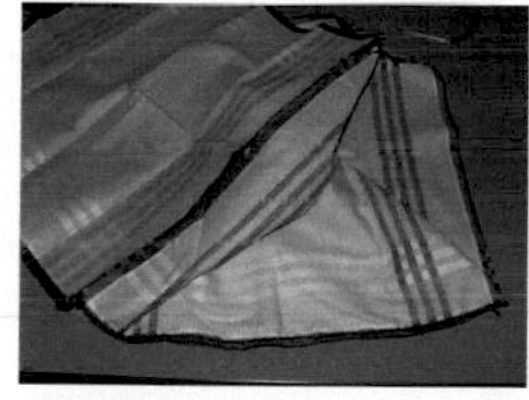

9. Lege das dritte Taschentuch so an das oberste Taschentuch.

10. Nähe das dritte Taschentuch so an das oberste Taschentuch fest.

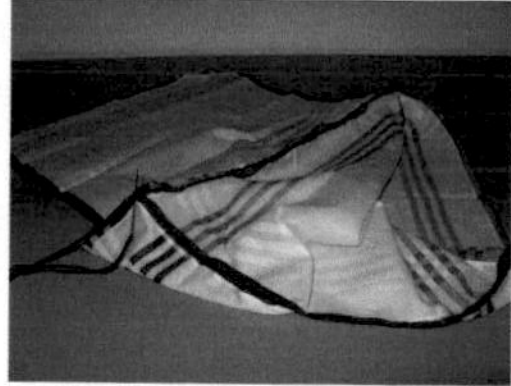

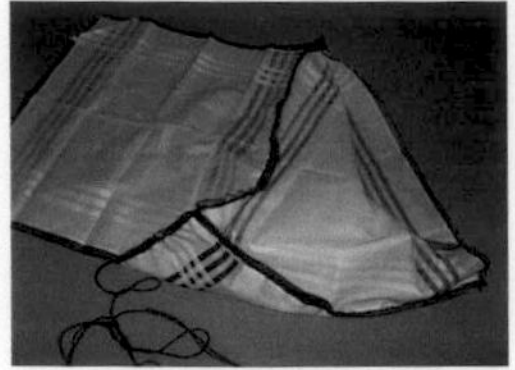

11. Mach mit dem Festnähen des dritten Taschentuchs an der folgenden freien Kante, der du begegnest, weiter.

12. Wenn du in einer Ecke ankommst, machst du mit der nächsten freien Kante, der du begegnest und die nicht zu der Oberkante gehört, weiter.

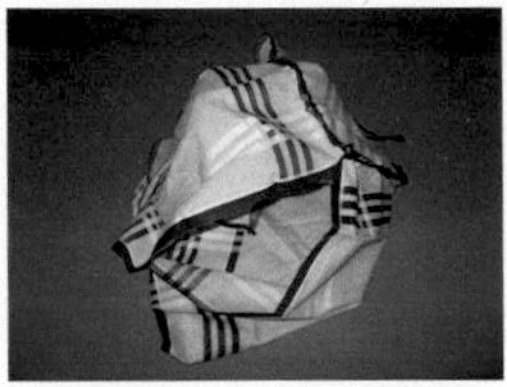

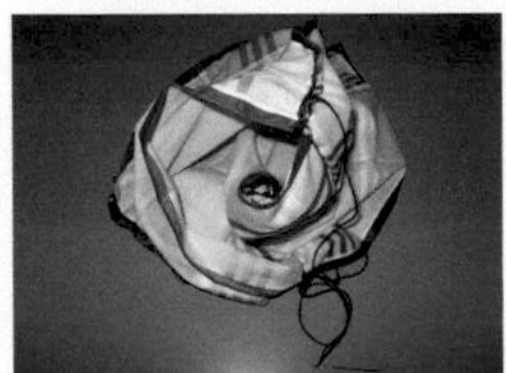

13. Wenn du bei der vierten Kante des dritten Taschentuchs bist, fangen nach einiger Zeit die Probleme an: Du kannst nicht mehr so einfach weiter nähen, denn es ist alles im Weg.

14. Beginn dann in der anderen Ecke, in der dieselben zwei Kanten zusammenkommen, und nähe sie auch ein Stück von der anderen Seite aneinander. Das Problem ist jetzt in der Mitte, du kannst nicht mehr weiter. Deine Klein'sche Flasche ist fertig.

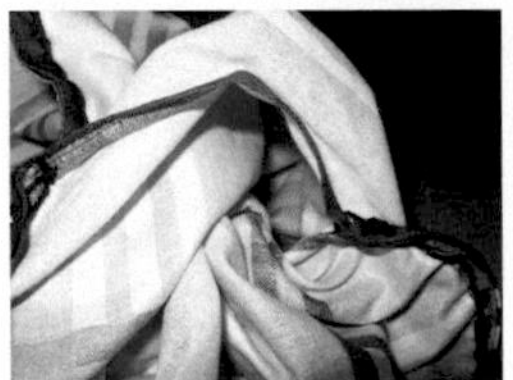

15. So sieht das Ergebnis aus.

Sylvie and Bruno Concluded

Sobald das dritte Taschentuch bei der Klein'schen Flasche ins Spiel kommt, entsteht ein Problem, sowohl in der Geschichte von Sylvie and Bruno, als auch in unserer Rubrik „Do-it-yourself". Das kommt natürlich dadurch, dass man eine Klein'sche Flasche in einem dreidimensionalen Raum wie unserem nicht ohne Selbstüberschneidung herstellen kann. Aber Lady Muriel kommt nicht so weit:

„Ich weiß!" unterbrach Lady Muriel eifrig. „Seine *Außen*fläche geht direkt in seine *Innen*fläche über! Aber das Zusammennähen wird ein Weilchen dauern. Ich mache mich nach dem Tee daran." Sie legte den Beutel beiseite und griff wieder zu ihrer Teetasse. „Aber warum nennen Sie es 'Säckel des Fortunatus', Mein Herr?"

Das ist eine gute Frage: Was hat diese seltsame Tasche mit dem Portemonnaie von Fortunatus zu tun? Mein Herr hat da eine klare Antwort drauf:

„Ei was, mein Kind – oder sollte ich besser sagen, Mylady? Alles was *im* Säckel ist, befindet sich *außerhalb* davon; und alles, was sich *außerhalb* davon befindet, ist *in* ihm drin. Unser kleiner Säckel birgt also alle Reichtümer dieser Erde."

Oder: Weil die Innenseite und die Außenseite dieselben sind, ist alles, was in dem Beutel ist, auch außerhalb, und alles, was außerhalb des Beutels ist, ist eigentlich auch darin! Wenn man es so betrachtet, ist man natürlich schon reich, mit so einem Beutel ...

Filmtipp Die Dinge, die du nicht verstehst

Der niederländische Mathematiker Hendrik Lenstra jr. zählt zu Beginn dieser Dokumentation auf, was er zu Hause alles nicht hat: einen Computer, einen Fernseher, ein Auto und eine Kamera. Was er sehr wohl hat? Eine ganze Reihe wichtiger mathematischer Ergebnisse, die seinen Namen tragen, eine wunderbare Sammlung alter Bücher und einen sehr trockenen Humor. *De Dingen die je niet begrijpt* (dt.: Die Dinge, die du nicht verstehst) zeigt, wie Lenstra lebt: vom Bahnen ziehen im Schwimmbad bis zu einem Konferenzbesuch, und von einem Ausflug mit seiner Mutter bis zu einer Diskussion mit einem Studenten. Wer gut hinschaut, sieht die Mathemädels auch noch schnell durchs Bild laufen.

Die Dokumentation *De dingen die je niet begrijpt* (Peter Lataster und Petra Lataster-Czisch, 2010) ist online über Hollanddoc und Wetenschap24.nl verfügbar.

Kapitel 4
Geschenke und Vermittler: Liebe und Freundschaft

Dieses Kapitel ist ein bisschen anders als die anderen. Dieses Mal steht kein Teilgebiet der Mathematik im Mittelpunkt, sondern Liebe und Freundschaft. Darüber kann man aus mathematischer Sicht erstaunlich viel sagen und wir fanden es eine gute Idee, all diese Teile zusammenzufassen.

Mithilfe der Spieltheorie kann man bestimmen, welches Geschenk für ein Mädchen das beste ist oder wie man als Freundesgruppe am besten jemanden in einer Kneipe verführen kann. Mit einer klugen Suchstrategie hat man eine größere Chance auf einen netten Partner. Und der Satz von Hall zeigt, unter welchen Voraussetzungen es möglich ist, in einer Gruppe glückliche Ehen zu schließen.

In der Rubrik „Do-it-yourself" bastelst du das Black-path-Spiel, mit dem du deine Freunde immer besiegen kannst.

Soziale Netzwerke sind mathematisch gesehen auch interessant. Die Verbindung zwischen zwei beliebigen Menschen ist meist viel kürzer als man denkt. Kommt das durch Vermittler, die viele Leute kennen? Und warum sieht es so aus, als hätten deine Freunde mehr Freunde als du? Dies und noch viel mehr in diesem Kapitel über Liebe und Freundschaft.

J. Daems, I. Smeets, *Mit den Mathemädels durch die Welt*,
DOI 10.1007/978-3-662-48099-1_4

Was schenkst du einem Mädchen?

Als mein Freund und ich uns kennenlernten, fuhr ich ohne ihn in den Urlaub. Als ich zurückkam, stand er am Flughafen Schiphol mit einem Strauß Blumen. „Wie dumm von ihm", sagte eine meiner Freundinnen, „jetzt muss er dich in Zukunft immer abholen, weil du sonst später meckerst, dass er zu Beginn eurer Beziehung noch so romantisch war." Daran musste ich denken, als ich eine Studie über das Beschenken am Anfang einer Beziehung las.

Das verwendete Modell kommt aus der Biologie, daher die etwas tierischen Ausdrücke. Ein Männchen gibt einem Weibchen ein Geschenk. Abhängig von dem Geschenk bestimmt das Weibchen, ob es sich mit dem Männchen paaren will. Die Forscher nehmen an, dass ein Männchen sich mit jedem Weibchen paaren will, aber dass es nur dann bei einem Weibchen bleibt, wenn es dieses wirklich nett findet. Ein Weibchen will sich nur mit einem Männchen paaren, das sie anziehend findet und von dem sie denkt, dass die Wahrscheinlichkeit groß ist, dass es bei ihr bleibt. Sie nutzt das Geschenk um einzuschätzen, ob er sie wirklich nett findet. Die Kernfrage ist: Was für ein Geschenk musst du als Männchen verschenken?

Es ist naheliegend, Frauen, die du nett findest, ein schönes und kostbares Geschenk zu machen. Es gibt ein Problem bei dieser Strategie: Attraktive Frauen, für die du nicht infrage kommst, nehmen dein Geschenk zwar an, aber lassen dich danach stehen. Das willst du natürlich vermeiden.

Der Mathematiker Peter Sozou kam auf die Idee, dieses Problem einer rigorosen Analyse zu unterziehen, als er in der Zeitung über einen Mann las, der schon monatelang die Miete für die Frau bezahlte, in die er verliebt war, während diese Frau die ganze Zeit über hinter seinem Rücken einen anderen hatte. Sie hielt den Verehrer nur wegen seiner wertvollen Geschenke hin.

Sozou berechnete die beste Strategie für den Mann und fand eine glänzende Lösung: Mache attraktiven Frauen kostbare, aber wertlose Geschenke. Das sind Geschenke, die den Mann viel Zeit, Geld oder Mühe kosten, aber der Frau keinen direkten Vorteil verschaffen. Denk an Abendessen in einem Sternerestaurant für Fotomodelle oder – in der Tierwelt – an nutzlose Baumwollknäuel für Fliegenweibchen. Frauen, für die ein Mann nicht infrage kommt, würden so ein Geschenk höflich ablehnen. Aber Weibchen, die das Männchen nett finden, sehen an dem Geschenk, dass das Männchen sein Bestes getan hat. Bei Fliegen wurde das Prinzip getestet und Männchen, die mit einem Baumwollknäuel kamen, hatten in der Tat genauso viel Erfolg bei den Weibchen wie Männer, die ein leckeres Häppchen mitbrachten.

Natürlich kann man viel über das Modell und die getroffenen Annahmen diskutieren, aber ich glaube, dass in der Auflösung ein Funken Wahrheit steckt. Wenn man es so betrachtet, dann war es also sehr klug von meinem Freund, extra mit einem schönen Blumenstrauß nach Schiphol zu kommen. So sehen Mädchen ihre kostbaren, aber wertlosen Geschenke nämlich gerne.

Ionica

Buchtipp Das Geheimnis der Eulerschen Formel

Eine Haushälterin fängt bei einem Mann mit einem besonderen Handicap an: Durch einen Unfall funktioniert sein Gedächtnis nicht mehr richtig. Sein Kurzzeitgedächtnis währt nicht länger als 80 Minuten und zusätzlich reichen seine Erinnerungen nur bis zum Jahr 1975 zurück. Vor dem Unfall war der Mann Mathematikprofessor. Er kann nicht mehr arbeiten, aber genießt es, Probleme in der Fragenrubrik einer Mathematikzeitschrift zu lösen. Mathematik scheint eine gute Art zu sein, um mit dem Professor zu kommunizieren.

Das Buch handelt von der Beziehung zwischen der Haushälterin, ihrem Sohn und dem Professor. Der Sohn und der Professor mögen beide Baseball, wenngleich das auch Komplikationen gibt, weil der Professor noch die Spieler aus dem Jahr 1975 im Kopf hat. Der Professor gibt dem Sohn den Kosenamen Root (dt. Wurzel), weil ihn sein flacher Kopf an das Wurzelzeichen erinnert.

Das Buch ist sehr schön geschrieben und ein intimes Porträt dieser drei Menschen und ihrer gegenseitigen Beziehungen. Als Leser fängst du auch an, sie zu mögen. Eine echte Empfehlung!

Yoko Ogawa, **Das Geheimnis der Eulerschen Formel.** München: Liebeskind, 2012.

Jedermannsfreunde

Unser Freund Peter trifft immer wieder einen Bekannten und wenn nicht, dann fängt er mit einem Unbekannten ein Gespräch an und weiß meist schnell, einen Anknüpfpunkt zu finden. Er macht auch immer verrückte Sachen, so traf er zum Beispiel jede Menge Leute, als er mit dem Wohnwagen durch Europa zog.

In seinem Buch *The Tipping Point* (im Deutschen übersetzt als *Tipping Point: Wie kleine Dinge Großes bewirken können*) nennt der Wissenschaftsjournalist Malcolm Gladwell Menschen wie Peter „Vermittler". Diese Vermittler spielen in sozialen Netzwerken eine wichtige Rolle. Nicht nur Soziologen, auch Mathematiker probieren zu verstehen, wie diese Art von Netzwerken zusammenhängt. Eine Frage ist zum Beispiel, über wie viele Schritte zwei zufällig ausgesuchte Menschen in so einem Netzwerk miteinander verbunden sind.

Experimente weisen darauf hin, dass die meisten Menschen sich über maximal sechs Ecken kennen. Dass die Verbindungen so kurz sind, ist Menschen wie Peter zu verdanken. Vermittler haben Bekannte aus allerlei verschiedenen Schichten und über sie sind eine Menge Menschen sogar in zwei Schritten miteinander verbunden.

Vermittler kommen auch in allerlei anderen Netzwerken vor. Denk zum Beispiel an Flughäfen: Von den meisten Flughäfen starten Flugzeuge in eine bestimmte Anzahl von Städten. Einige Flughäfen sind aber mit besonders vielen Städten verbunden. Klug, denn so sind eine Menge Städte von jedem Flughafen mit lediglich einmaligem Umsteigen zu erreichen, während die gesamte Anzahl der Flugrouten nicht lächerlich groß ist.

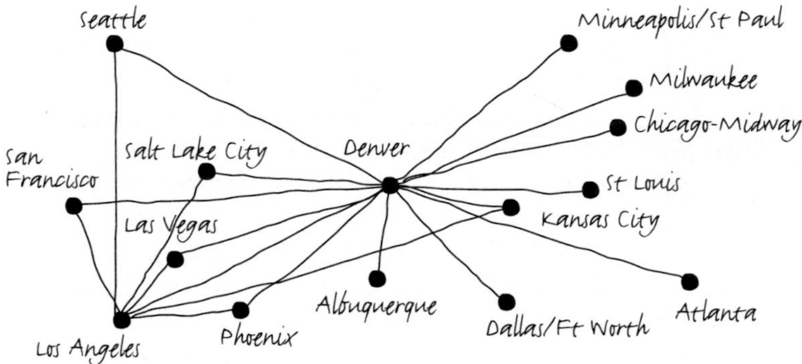

Denver ist der Peter unter den Flughäfen. Man kann zwischen je zwei Städten mit nur einem einzigen Umstieg reisen.

Kurz zurück zu den Menschen: In seinem Buch gibt Gladwell einen einfachen Test an, um zu sehen, ob du selbst ein Vermittler bist. Er hat eine Liste mit 250 zufälligen Nachnamen erstellt. Du musst bei jedem Nachnamen nachgehen, wie viele Menschen du kennst, die so heißen (der Test funktioniert wahrscheinlich nicht so gut, wenn du dir schlecht Namen merken kannst). Gladwell definiert „kennen“ ziemlich großzügig: Jeder, mit dem du einmal gesprochen hast und der sich dir vorgestellt hat.

Gladwell machte den Test mit verschiedenen Gruppen. Der Test funktionierte am besten in einer Gruppe mehr oder weniger vergleichbarer Menschen: Zum Beispiel mit einer Gruppe Studenten, einem Kongresssaal voller Lehrer oder ein paar Freunden desselben Alters. In jeder Gruppe, die Gladwell untersuchte, saßen ein paar Menschen, die mehr als doppelt so viele Menschen kannten wie die anderen: die Vermittler. Die meisten Menschen kannten ungefähr 30 oder 40 Menschen mit einem Nachnamen der Liste. Die Vermittler zogen leicht 100 Bekannte aus der Liste.

Hier findest du eine Liste mit 250 zufälligen nordwestdeutschen Nachnamen. Wie viele Menschen kennst du davon? Deine eigene Familie zählt nicht mit! Und wenn du zwei „Ahlemeyers" kennst, dann zählst du die als zwei Personen. Peter kam ohne Verdopplung sogar auf über 100 Bekannte. Aber der war ja auch mit dem Wohnwagen unterwegs!

Namensliste

Abke, Ahlemeyer, Althoff, Appelbaum, Arning, Aulwes, Balke, Barnes, Beckmann, Benz, Berger, Bergman, Bergsiecker, Beyer, Bindel, Black, Boese, Bohle, Borcherding, Bracksiek, Braens, Breder, Brenner, Bretschneider, Brockmeier, Broihan, Brownlee, Brunhofer, Bruns, Bücker, Buddeke, Bühning, Chavel, Claus-Stöhner, Cooper, Dahus, Dautenhahn, Davidsmeyer, Diederich, Dietze, Domhoff, Dörting, Dreschko, Dropmann, Dübbert, Eder, Eggersmann, von Engelhardt-Bergshof, Erking, Ernsthausen, Evers, Fänger, Feldmann, Fiedler, Flaskamp, Frieler, Fritzgerald, Fuelling, Fulle, Gausebrink, Gausmann, Geck, Gering, Gieseker, Glarmann, Goldbecker, Gosebrink, Götte, Grefing, Griesewell, Grothaus, von der Haar, Hage, Hagebusch, Hamers, Hanig, Hanrath, Haubold, Havermeyer, Hawighorst, Hebbeler, Hegener, Hellebaum, Helm, Henke, Hickman, Hirsch, Hölter, Holtermann, Holtgreve, Höttenschmidt, Hucke, Hünemeyer, Hurling, Hurst, Hutten, Imholze, Jackson, Jantobüren, Jarvis, Joeckle, Kamlage, Kemner, Kendeler, Kienker, Kisker, Klefoth, Klein-Helmkamp, Klekamp, Kleyfodt, Klöppel, Knackwefel, Knox, Kobusch, Koeller, Kolbe, Kombrink, Kramme, Kreecke, Kreusch, Kriege, Kruschinski, Lathram, Lauheide, Lavendar, Leimann, Lewig, Linkermann, Loges, Lohemann, Long, Lührmann, Lütkemeier, Marqwardinck, Maschmeier, Meier, Meinberg, Menkhaus, Mertelsmann, Meyer, Meyer zu Bohmte, Meykenhorst, Michel, Mickenhagen, Middelberg, Mirsch, Mittelberg, Monecke, Morgenstern, Moritz, Müller, Murken, Netcher, Nienker, Nierhus, Niermauntel, Nordmeyer, Nuehring, Oehlrich, Olbricht, Opitz, Osterhaus, Ostermann, Overmeyer, Pfretzschner, Piel, Plogmann, Ploog, Poggemeyer, Pohlmeier, Pörtner, Prante, Prasse, Rade, Reichelt, Reinbach, Riepe, Rietbrok, Rolfes, Rottmüller, Rülke, Rüsse, Rüstemeyer, Samsen, Schafstall, Scharnhorst, Schlienkamp, Schlotte, Schmiedler, Schneiker, Schollmeyer, Schomburg, Schoo, Schragen, Schreyer, Schuemacher, Schürmeyer, Schwarze, Schweder, Seppe, Siekmeyer, Sinneker, Skornia, Staas, Stahmeyer, Starken, Steinbrügge, Steinhauer, Steinmetz, Stemmler, Stevenson, Stiegemeyer, Stinhans, Stroh, Teckmeyer, Temming, Tepe, Thuel, Ties, Tiesing, Töpler, to den Tyge, Tymann, Urspurch, Vahrenhorst, Valkamp, Vogler, Voigt, Vorm Broke, Walter, Warrentrup, Wedeking, Weghorst, Wellemeyer, Wellenvoß, Wende, Wenner, Wesseling, Wessler, Weßling, Westenhoff, Wiencke, Wilke, Willmann, Winterling, Wrodmann, Wrothmann, Wulfeik, Zeigler.

Die wahre Liebe berechnen

Wie sich in meiner Kolumne auf Seite 62 schon zeigte, ist mein Freund ein superlieber Junge. Wir sind inzwischen schon Jahre glücklich zusammen und er holt mich noch immer in Schiphol mit Blumen ab. Aber manchmal begegne ich auf einem Fest einem unglaublich hübschen Mann, der über meine Witze lacht. Und dann zweifle ich kurz. Läuft nicht irgendwo noch ein besserer Partner für mich herum? Wie weiß ich, dass ich den Richtigen gefunden habe?

Die Suche nach einen Partner ist (mit etwas gutem Willen) als mathematisches Problem zu betrachten. Man muss dabei ein paar Dinge beachten. So muss man die möglichen Partner von gut nach schlecht sortieren können; gleiche Ergebnisse sind nicht erlaubt. Daneben nimmst du an, dass die möglichen Geliebten in zufälliger Reihenfolge einer nach dem anderen auftauchen und dass du nur einen einzigen aussuchen kannst. Noch eine wichtige (und in der Praxis nicht sehr realistische) Annahme ist, dass du die abgewiesenen Kandidaten nicht mehr zurückholen kannst.

Mathematiker nennen das „das Sekretärinnenproblem", wahrscheinlich, weil sie häufiger Sekretärinnen aussuchen als Geliebte. Diese Art des Auswählproblems kommt in allerlei Situationen vor. Denk an einen Hauskauf: Du schaust dir eins nach dem anderen an und hoffst, das beste Haus auszuwählen.

Mit welcher Strategie hast du die größte Wahrscheinlichkeit, die beste Option zu wählen? Du kannst eigentlich nur eine Sache machen: Zuerst ein paar Kandidaten anschauen, um dir ein Bild vom Angebot zu machen. Danach wählst du den ersten, der besser als die vorherigen ist. Die große Frage ist: Wie viele Kandidaten musst du ausprobieren?

Nimm zum Beispiel an, dass du aus 100 Geliebten auswählen darfst. Wenn du einfach so auswählst, hast du die Wahrscheinlichkeit von 1%, den Besten zu nehmen. Wenn du erst 20 Kandidaten anschaust und dann den Ersten nimmst, der besser ist als alle vorherigen, wächst die Wahrscheinlichkeit, den Besten auszuwählen, auf 33%. Zu lange zu warten ist nicht gut, dann verpasst du ihn wahrscheinlich. Nach 80 Kandidaten liegt die Wahrscheinlichkeit, den Richtigen zu wählen, nur noch bei 19%. In diesem Fall hast du die besten Chancen, wenn du die ersten 37 möglichen Geliebten nicht nimmst.

Der Psychologe Peter Todd passte die allgemeine Strategie ein bisschen an, indem er das Ideal des besten Geliebten über Bord warf. Er nahm an, dass man mit einem Partner glücklich ist, der bei den besten 10% dabei ist, aber dass du mindestens 75% Wahrscheinlichkeit haben willst, um so einen Partner zu finden. Todd rechnete aus, dass man, um das zu erreichen, zwölf

Partner ausprobieren muss. Danach kann man den ersten Partner, der besser ist als alle vorherigen, ruhigen Herzens festhalten.

Wie man diese Geliebten genau zählen muss, sagt das Modell übrigens nicht. Prüde Typen zählen ihre Verabredungen, Wilde alles, was länger dauert als ein One-Night-Stand. Ich selbst zähle jeden, mit dem ich verliebt Händchen gehalten habe. Mein Freund ist Nummer 14 und viel lieber als meine vorherigen Freunde. Kurz gesagt: Ich behalte ihn! Ich kann jetzt nur hoffen, dass er mich auch behalten will.

Ionica

Den allerbesten Geliebten aus 100 Kandidaten finden

Wie gesagt, ist die beste Strategie, erst ein paar Geliebte (sagen wir n) auszuprobieren und danach den Ersten auszuwählen, der besser ist als alle vorherigen. Wir suchen jetzt die Werte von n, für die die Wahrscheinlichkeit, dass du den besten Geliebten wählst, so groß wie möglich ist. Diese Wahrscheinlichkeit wird durch die folgende Formel (nicht erschrecken, aber eine Mathebuch ohne Formel ist wie eine romantische Komödie ohne Kuss) angegeben:

$$\frac{1}{100}+\frac{1}{100}\cdot\frac{n}{(n+1)}+\frac{1}{100}\cdot\frac{n}{(n+2)}+\ldots+\frac{1}{100}\cdot\frac{n}{98}+\frac{1}{100}\cdot\frac{n}{99}$$

Der erste Geliebte, den du auswählen kannst, ist Nummer $n+1$ und die Wahrscheinlichkeit, dass er der Beste ist, ist einfach $\frac{1}{100}$. Die Wahrscheinlichkeit, dass Kandidat Nummer $n+2$ der Beste ist, ist auch $\frac{1}{100}$, aber hier läufst du Gefahr, dass du versehentlich schon bei $n+1$ den falschen Kandidaten gewählt hast. Um zu verhindern, dass du den Falschen ausgewählt hast, muss der Beste bis zu diesem Moment immer bei den ersten n Kandidaten sein, die du ja nie wählen würdest. Die Wahrscheinlichkeit, dass du bei Nummer $n+2$ den Passenden wählst, ist darum $\frac{1}{100}\cdot\frac{n}{(n+1)}$. So machen wir für alle folgenden Kandidaten weiter. Wir können jetzt einen Graphen der Wahrscheinlichkeit, den Richtigen zu wählen, für alle möglichen Werte von n erstellen.

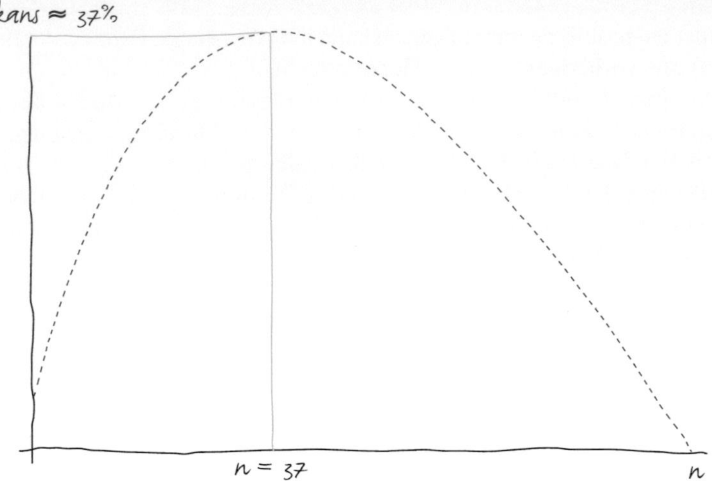

Wir sehen, dass der höchste Punkt bei $n = 37$ liegt. Die Wahrscheinlichkeit, den Richtigen zu finden, liegt also bei etwas mehr als 37%.

Geschenktipp Shirts und Strampler

Ein Tag in einem T-Shirt oder Strampler von den Mathemädels gefällt Jung und Alt. Ihr könnt zwischen „math girls rule" und „supporter wiskundemeisjes" sowie zwischen verschiedenen Farben und Modellen wählen.

Erhältlich über
www.wiskundemeisjes.nl

Do-it-yourself: Das Black-path-Spiel

Nichts ist schöner, als mit Freunden ein Spiel zu spielen. Jedenfalls, wenn es ein Spiel ist, bei dem du immer gewinnen kannst.

Du brauchst:

- Papier
- einen (schwarzen) Stift
- einen Mitspieler (der gegen dich verlieren kann)

Und so geht es:

1. Zeichne ein Viereck und unterteile es in kleine Quadrate; nimm zum Beispiel ein großes Quadrat von 4 mal 4 kleinen Quadraten.
2. Setze über das kleine Quadrat links oben einen Pfeil, da beginnt der Weg.
3. Jetzt müssen die Spieler immer abwechselnd den Weg mit einem der drei folgenden Spielzüge (Kachelmuster A, B oder C) verlängern:

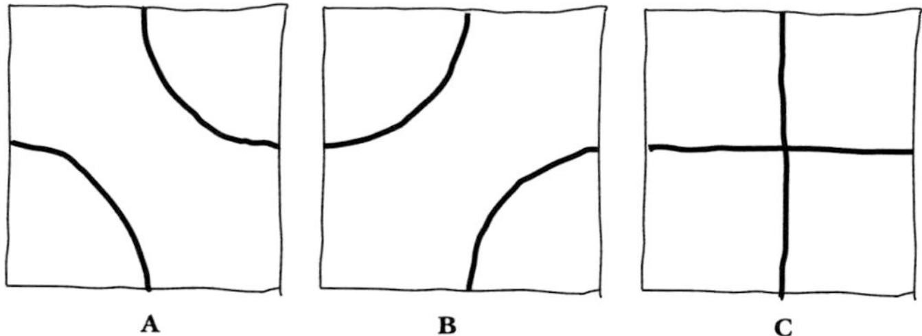

4. Der Spieler, bei dem der Weg außerhalb des Spielfelds endet, verliert.

Beispiel

Hier siehst du, wie ein Weg Schritt für Schritt durch die Spieler aufgebaut wird. Folge den Nummern, um zu sehen, wie sich der Weg immer weiterschlängelt.

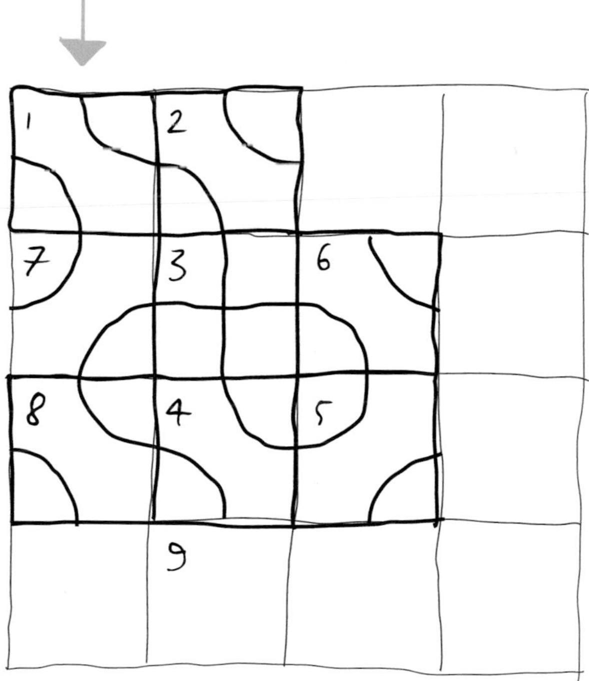

Der erste Spieler muss jetzt auf dem Quadrat mit der Nummer 9 weitermachen, denn dort endet der schwarze Weg. Wenn du gut hinschaust, dann siehst du, dass Kachel C direkt zur Niederlage führt, dass Kachel B zum Sieg führt und dass Kachel A schlussendlich auch die Niederlage mit sich bringt. Spieler 1 handelt also klug, wenn er B wählt.

Wie kannst du gewinnen?

Das Black-path-Spiel hat eine Gewinnstrategie (genau wie das Streichholzspiel auf Seite 122). Es ist sehr schwer, diese zu finden. Probier das Spiel ein paar Mal auf unterschiedlich großen Spielfeldern aus, um herauszufinden, welcher Spieler gewinnen kann und wie. Wenn du wirklich nicht darauf kommst, dann findest du die Lösung hinten in diesem Buch.

Der ursprüngliche Name dieses Spiels ist *black path game*, weil das Spiel 1960 von Larry Black entwickelt wurde.

Buchtipp Wahrscheinlich Mord. Mathematik im Zeugenstand

In diesem Buch werden acht aufsehenerregende Gerichtsfälle beschrieben, in denen Mathematik und vor allem Wahrscheinlichkeitsrechnung eine entscheidende Rolle gespielt haben.

Es wird aufgedeckt, welche mathematischen Fallstricke in den Fällen lauern und wie diese mathematischen Irrtümer zu Fehlurteilen geführt haben. Dabei steht immer die Geschichte im Mittelpunkt, etwa der spektakuläre Fall der Amanda Knox, die in letzter Instanz vom Mordvorwurf an der britischen Studentin Meredith Kercher freigesprochen wurde, oder die nicht minder bewegenden Geschehnisse um Lucia de Berk, die in den Niederlanden etliche Jahre unschuldig im Gefängnis saß. In diesem Buch lernst du, dass die richtige Anwendung von Mathematik manchmal den Unterschied zwischen Gefängnis und Freiheit, zwischen Leben und Tod bedeuten kann.

Coralie Colmez und Leila Schnäps, **Wahrscheinlich Mord. Mathematik im Zeugenstand.** München: Hanser, 2013.

Warum deine Freunde (wahrscheinlich) mehr Freunde haben als du

Manchmal scheint es, als würde jeder andere mehr Menschen kennen als du selbst (sicherlich, wenn du jemanden wie unseren Freund Peter von Seite 63 kennst). Die schlechte Nachricht ist, dass die Wahrscheinlichkeit groß ist, dass das tatsächlich so ist. Die gute Nachricht ist, dass die Tatsache, dass viele Menschen weniger Freunde haben als der Schnitt ihrer Freunde, eine allgemeine Eigenschaft von Netzwerken ist. In einem Freunde-Netzwerk ist die durchschnittliche Anzahl Freunde von Freunden immer mindestens so groß wie die durchschnittliche Anzahl von Freunden pro Person – und fast immer ist sie höher.

Ein Old-Boys-Netzwerk

Mit einem Beispiel wird diese (auf den ersten Blick) unwahrscheinliche Behauptung schnell etwas deutlicher. Nimm das Old-Boys-Netzwerk von Aad, Bob, Chris, David, Ed, Frank, Gary und Henk. Wir nehmen nun an, dass die Männer sonst niemanden kennen. Gleich siehst du das Netzwerk als Graphen: Jeder Mann hat seinen eigenen Punkt (mit dem Anfangsbuchstaben seines Namens) und zwei Männer, die sich kennen, sind mit einer Linie verbunden. Aad und Chris kennen sich, aber Aad und Bob kennen sich nicht.

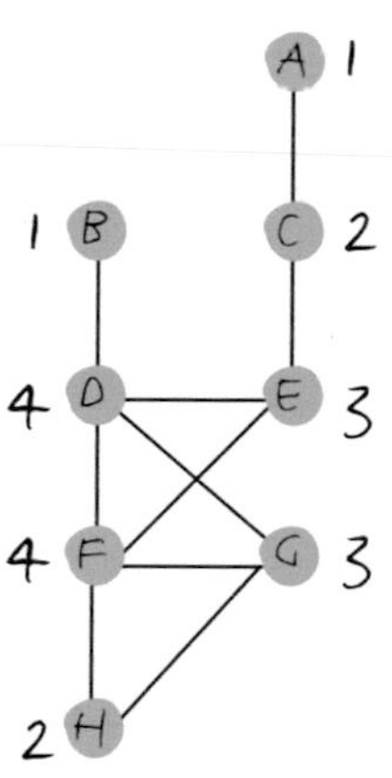

	Freunde F	Gesamtzahl F von F	Durchschnitt F von F
Aad	1	2	2
Bob	1	4	4
Chris	2	4	2
David	4	11	2,75
Ed	3	10	3,3
Frank	4	12	3
Gary	3	10	3,3
Henk	2	7	3,5
Schnitt	2,5		2,99

Bei jedem Mann steht, wie viele Freunde er hat: Aad hat beispielsweise einen und David ist beliebt, denn er hat vier Freunde. Zähl jetzt von jedem, wie viele Freunde seine Freunde zusammen haben. Für Aad sind das die zwei Freunde von Chris, für David sind das insgesamt elf Freunde von seinen vier Freunden.

Teile jetzt für jeden Mann die Anzahl der Freunde von Freunden durch seine eigene Anzahl von Freunden. Das gibt den Durchschnitt der Anzahl Freunde, die die Freunde haben. Die Ergebnisse stehen in der obigen Tabelle.

Wir sehen, dass für die Mehrheit der Männer (nämlich Aad, Bob, Ed, Gary und Henk) gilt, dass ihre Freunde durchschnittlich mehr Freunde haben als sie selbst.

Und in diesem Netzwerk hat der durchschnittliche Mann 2,5 Freunde, aber seine Freunde haben durchschnittlich 2,99 Freunde. Das macht einen halben Freund Unterschied.

Nur, wenn in einem Netzwerk jeder genau gleich viele Menschen kennt, ist die durchschnittliche Anzahl von Freunden genauso hoch wie die durchschnittliche Anzahl von Freunden von Freunden – sonst ist sie geringer.

Dieses Phänomen wurde von dem Soziologen Scott L. Feld beobachtet, der 1991 einen Artikel unter dem vielsagenden Titel *Why Your Friends Have More Friends Than You Do* publizierte. Feld tröstete hiermit alle Mathematiker mit wenigen Freunden.

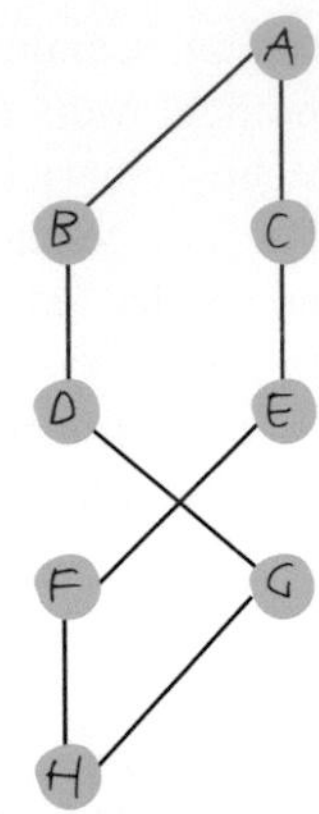

In einer perfekten Welt hat jeder genau gleichviele Freunde.

Volle Hörsäle, viel besuchte Strände

Der gleiche Effekt tritt auch an anderen Orten auf. Wenn zum Beispiel unterschiedlich große Klassen auf einer Schule sind, dann werden die Schüler denken, dass die durchschnittliche Klasse größer ist, als sie in Wirklichkeit ist. Das kommt daher, dass mehr Schüler in einer großen Klasse sitzen als in einer kleinen.

Menschen haben auch oft den Eindruck, dass es durchschnittlich voller am Strand, in Vergnügungsparks und Möbelkaufhäusern ist, als es wirklich durchschnittlich pro Tag ist. Einfach dadurch, dass es an vollen Tagen auch mehr Menschen gibt, die den Rummel sehen.

Buchtipp Die erste Liebe

Wunderkind Colin Singleton wurde schon 19-mal von einem Mädchen abserviert, das Katherine hieß – und das war nicht immer dasselbe Mädchen. Nach seinem Abitur macht Colin mit seinem Freund Hassan eine Reise, um sich wieder aufzumuntern. Unterwegs arbeitet er an einer mathematischen Formel, die vorhersagt, wie lang Beziehungen dauern sollen und vor allem: Wer von beiden die Beziehung beenden soll. Wird es ihm mit dieser Formel gelingen, Katherine Nummer 19 zurückzugewinnen?

Dieser hervorragende Jugendroman ist voll von allerlei tollen Witzen über Nerds und Kuriositäten. Das Nette ist, dass sich ein echter Mathematiker Colins Liebesformel ausgedacht hat: Daniel Biss. Er schrieb einen Anhang zu dem Buch, in dem er erklärt, wie er zu dieser Formel kam. Die Formel selbst stimmt natürlich nicht, aber Biss erklärt schön, wie Mathematiker im Allgemeinen beim Aufstellen von Formeln zu Werke gehen.
John Green, **Die erste Liebe.** München: Carl Hanser, 2008.

Der Heiratssatz von Hall

Der Heiratssatz von Hall ist ein Satz aus der diskreten Mathematik über die folgende, ein wenig unrealistische Situation: Einige ledige Männer und Frauen müssen miteinander verkuppelt werden (wir schließen der Einfachheit halber gleichgeschlechtliche Ehen aus). Es gibt genauso viele Männer wie Frauen. Die Frauen haben alle eine kleine Liste von den Männern gemacht, die sie nett genug finden, um sie zu heiraten. Die Männer sind offenbar etwas weniger kritisch: Sie sind mit jeder Frau zufrieden. Ist dann eine Paarung möglich, bei der die Wünsche aller Frauen respektiert werden?

Nicht immer natürlich. Wenn eine Frau dabei ist, die keinen einzigen Mann nett genug findet, ist keine Paarung möglich. Wenn zwei Frauen dabei sind, die beide denselben Mann möchten und sonst niemanden, klappt es auch nicht. Wenn es drei Frauen gibt, die zusammen nur zwei Männer wollen, geht es auch nicht gut. Kurzum: Für eine Verkupplung ist es nötig, dass jedes Grüppchen von k Frauen gemeinsam auch mindestens k Männer anziehend findet, für jede Zahl k.

Das Überraschende ist, dass diese notwendige Voraussetzung auch schon hinreichend ist, also wenn jede Untergruppe von k Frauen insgesamt mindestens k Männer nett findet, dann gibt es mit Sicherheit eine Verkupplung, mit der jeder zufrieden ist!

Dieser Satz wurde 1935 von dem englischen Mathematiker Philip Hall bewiesen.

Beispiele

Wir haben sechs Männer und sechs Frauen. Die Männer werden mit M_1 bis M_6 angegeben, die Frauen mit F_1 bis F_6. Wenn eine Frau einen Mann nett findet, steht in der Tabelle ein Plus, sonst ein Minus.

	M_1	M_2	M_3	M_4	M_5	M_6
F_1	+	-	+	-	-	-
F_2	-	+	-	-	+	-
F_3	+	-	+	-	-	+
F_4	-	-	-	+	+	-
F_5	-	+	-	+	-	-
F_6	-	+	-	-	+	-

Frage 1: In der obigen Situation kann man keine Paarung finden. Warum nicht?

	M_1	M_2	M_3	M_4	M_5	M_6
F_1	-	+	-	+	+	-
F_2	-	-	-	-	+	+
F_3	+	+	-	-	-	+
F_4	+	-	+	+	-	-
F_5	+	-	+	-	-	-
F_6	+	+	-	+	-	+

Frage 2: Kannst du in dieser Situation eine Paarung finden? (Die Lösung steht am Ende dieses Buches.)

Natürlich kann der Heiratssatz auch auf andere Situationen angewendet werden, zum Beispiel bei der Aufgabenverteilung auf Menschen. Nimm an, dass du eine gewisse Anzahl an Personen hast und genauso viele Arbeiten, die erledigt werden müssen. Aber nicht jeder ist gleich geschickt. Manche können zum Beispiel keinen Schrank zimmern, aber sehr gut kochen oder eine Wand streichen. In dieser Situation sagt der Heiratssatz von Hall: Wenn für jede Zahl k jede Gruppe von k Menschen mindestens k Arbeiten gut ausführen kann, gibt es eine Aufteilung der Arbeiten unter den Menschen, sodass jeder genau eine Aufgabe hat und alle Arbeiten gut erledigt werden.

Der Heiratssatz und Spielkarten

Eine weitere schöne Anwendung des Heiratssatzes beschäftigt sich mit einem Kartenspiel ohne Joker. Du teilst den ganzen Stapel Karten auf 13 Stapel mit je vier Karten auf, ohne dir die Karten anzuschauen. Dann folgt aus dem Heiratssatz von Hall, dass du immer so aus jedem Stapel eine Karte aussuchen kannst, dass du genau alle 13 verschiedenen Werte (2, 3, 4, ..., 10, Bube, Dame, König und Ass) einmal gewählt hast!

Wie das aus dem Heiratssatz folgt, ist etwas weniger leicht zu sehen. Wir stellen uns die 13 Stapel als 13 Frauen vor. Die 13 Männer entsprechen den Werten, die auf den Karten vorkommen: 2, 3, ..., Bube, Dame, König, Ass. Wir sagen, dass eine Frau (Stapel) einen Mann (Wert einer Karte) nett findet, wenn der Stapel eine Karte mit diesem Wert beinhaltet.

Bevor wir den Heiratssatz anwenden können, müssen wir natürlich überprüfen, ob in dieser Situation alle Bedingungen erfüllt sind. Nimm also eine Gruppe von k beliebigen Stapeln für eine zufällige Zahl k zwischen 0 und 13. Wie viele verschiedene Werte sind mindestens in diesen k Stapeln enthalten?

In k Stapeln mit jeweils vier Karten gibt es insgesamt $4k$ Karten. Jeder Wert kommt genau viermal in dem Spiel vor (nämlich als Herz, Karo, Kreuz und Pik). Weil jeder Wert in den $4k$ Karten also maximal viermal vorkommen kann, sind in diesen k Stapeln mindestens k verschiedene Werte enthalten.

In Männern und Frauen ausgedrückt: Jede Gruppe von k Frauen findet mindestens k verschiedene Männer nett. Nach dem Satz von Hall besteht also eine Verkupplung zwischen allen 13 Stapeln und allen 13 Werten bzw.: Jeder Stapel kann an einen Wert gekoppelt werden, der darin vorkommt, und alle Werte werden genau einmal verbunden. Also können wir tatsächlich aus jedem Stapel eine Karte wählen, sodass wir schlussendlich alle 13 Werte ausgewählt haben. Und das ist, was wir zeigen wollten!

Filmtipp Mathematiker auf Frauenjagd

Der Film *A Beautiful Mind*, der vier Oscars bekam, beschreibt das Leben des Mathematikers John Nash. In jungen Jahren arbeitete er brillant, dann aber bekam er paranoide Schizophrenie und war Jahrzehnte im Bann von Wahnideen. Er erholte sich nach 30 Jahren von seiner Krankheit und bekam mit 66 Jahren den Wirtschaftsnobelpreis für sein Jugendwerk. Eine wunderbare Geschichte für einen Wohlfühlfilm. Nur schade, dass *A Beautiful Mind* manchmal sehr wenig von Mathematik zu verstehen scheint.

So versucht der Film in einer Kneipenszene Nashs wichtigste Idee zu erklären. Wer den Film gesehen hat, erinnert sich gewiss daran: Nash sitzt mit einer Gruppe von Freunden in der Bar und sie sehen eine Gruppe Frauen. Eine Frau (eine Blondine) ist die schönste, ihre Freundinnen (Brünetten) sind etwas weniger anziehend. Die Frage ist jetzt, welche Strategie für die Freunde die beste ist, diese Frauen zu erobern, unter der Annahme, dass jeder Mann am liebsten die Blondine will, aber dass eine Brünette besser ist als gar keine Frau.

Nashs Freunde wollen in erster Instanz alle gleichzeitig auf die Blondine zugehen, um sie zu verführen. Aber Nash wendet ein, dass diese Strategie dumm ist: Die Blondine würde arrogant werden und sie einen nach dem anderen abweisen. Danach haben die Brünetten keine Lust, die zweite Wahl zu sein, also geht schlussendlich jeder allein nach Hause. Nash hat eine bessere Idee. Wenn jetzt niemand auf

John Nash im Jahr 2008.

die Blondine zugeht, sondern alle Männer gleichzeitigt auf eine Brünette, dann sind ihre Erfolgschancen viel größer! Eine Brünette ist ja besser als nichts.

Der Film versucht hiermit das Nash-Gleichgewicht zu illustrieren, einen Begriff aus der Spieltheorie. Kurz gesagt, hast du bei der Spieltheorie eine Anzahl Spieler, die jeder ein Ziel haben (in diesem Beispiel ist das, eine möglichst schöne Frau zu verführen). Jeder Spieler kann aus verschiedenen Strategien auswählen und weiß nicht, was die anderen machen. Er muss mit begrenzten Informationen eine möglichst gute Strategie wählen.

Nash bewies, dass (unter bestimmten Voraussetzungen) eine Gleichgewichtssituation besteht, bei der jeder Spieler seine Strategie nicht mehr verbessern kann – auch nicht, wenn er doch wüsste, was die anderen tun. Diese Situation wird das Nash-Gleichgewicht genannt und das ist genau die Arbeit, für die er den Nobelpreis erhielt.

Wo macht *A Beautiful Mind* einen Fehler? Das Problem bei der Strategie, die Nash im Film vorstellt, ist, dass sie absolut kein Gleichgewicht ist: Jeder Mann kann seine Strategie verbessern, indem er als Einziger auf die Blondine zugeht. Eine Strategie, die hingegen sehr wohl ein Nash-Gleichgewicht ist, ist zum Beispiel, dass ein einziger Mann auf die Blondine zugeht und die anderen auf die Brünetten. Und wer die hübscheste Frau dann bekommt? Das liegt ziemlich klar auf der Hand: der anziehendste Mann.

Am Ende der Kneipenszene scheint Nash übrigens bei der Blondine anzukommen. Aber er rennt zu seinem Zimmer zurück, weil er lieber weiter an seiner Mathematik arbeiten will. Das haben die Filmmacher dann wiederum sehr gut über Mathematiker verstanden.

Kapitel 5
Tricks und Zahlensysteme: Rechnen

Mathematik ist viel mehr als nur Rechnen, das hast du inzwischen schon gesehen. Aber das gehört natürlich dazu. Und auch beim Rechnen schauen allerlei mathematische Kniffe um die Ecke. In diesem Kapitel besprechen wir ein paar davon.

Es gibt zum Beispiel eine einfache Art, schnell zu sehen, ob Zahlen durch 3 teilbar sind, ohne dass man die Division wirklich im Kopf durchführen muss. Aber wie und warum funktionieren derartige Tricks genau?

Rechenmeister Ludolph van Ceulen konnte im 17. Jahrhundert schon 35 Dezimalstellen von π berechnen. Wie machte er das?

Die „Sternschnuppe" ist ein weiterer Rechenkünstler, aber aus dem 20. Jahrhundert: Wim Klein. Er trat sogar als Kopfrechner unter dem Künstlernamen „Willie Wortel" auf, weil sein Spezialgebiet das Wurzelziehen war!

Wir rechnen normalerweise im Zehnersystem, die Babylonier rechneten im Sechzigersystem und Computer rechnen im Zweiersystem. Also etwas anders, aber auch ein bisschen gleich. In diesem Kapitel erklären wir, wie man im Binärsystem nun wirklich rechnen kann, ohne erst zum Dezimalsystem zu wechseln.

Und in der „Rubrik Do-it-yourself" machen wir Napier'sche Rechenstäbchen, die dazu führen, dass man, um Zahlen miteinander zu multiplizieren, lediglich addieren muss!

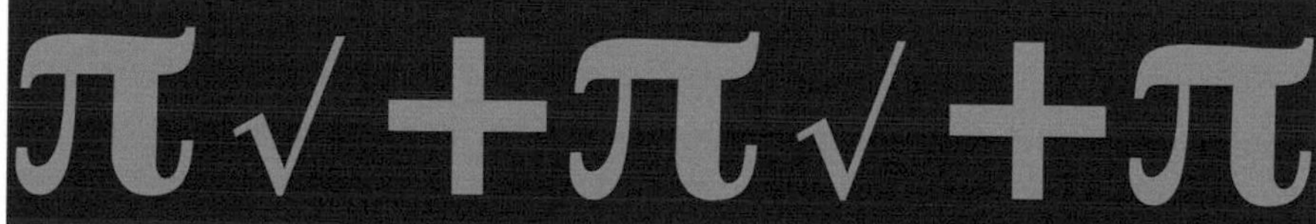

J. Daems, I. Smeets, *Mit den Mathemädels durch die Welt*,
DOI 10.1007/978-3-662-48099-1_5

Durch drei teilen

Muster und Regelmäßigkeiten zu finden, das mögen Mathematiker; Mathematik beschäftigt sich selbst zu großen Teilen mit dem Entdecken von Mustern. Aber eine Regelmäßigkeit oder Strategie, von der man vermutet, dass sie aufgeht, ist eigentlich gerade dann interessant, wenn man beweisen kann, dass sie in *allen* Fällen gilt.

In der Grundschule lernte ich einen Trick: Eine Zahl ist durch 3 teilbar, wenn die Summer der Ziffern durch 3 teilbar ist. Und tatsächlich, die Zahl 456 ist durch 3 teilbar und die Quersumme $4+5+6=15$ auch; die Zahl 1234 ist nicht durch 3 teilbar und $1+2+3+4=10$ auch nicht. Das Starke an diesem Trick ist, dass er bei *allen* Zahlen funktioniert.

Dieser Trick hat etwas Magisches. Etwas, das vom Himmel fällt, praktisch ist und das man sich einfach merken muss. Aber wie kommt es jetzt eigentlich, dass der Trick funktioniert? Der Grund ist, dass wir in einem Dezimalsystem rechnen. Wenn wir eine Zahl wie beispielsweise wieder 1234 aufschreiben, dann meinen wir eigentlich: 1 Tausender, 2 Hunderter, 3 Zehner und 4 Einer. Oder:

$$1234 = 1 \cdot 1000 + 2 \cdot 100 + 3 \cdot 10 + 4.$$

Die Position einer Ziffer in der Zahl bestimmt also, mit welcher Potenz von 10 man sie multiplizieren muss. Aber was hat das mit dem Trick für die Teilbarkeit durch 3 zu tun? Die Krux liegt in einer besonderen Eigenschaft der Quersumme einer Zahl. Nämlich: Die Quersumme unterscheidet sich stets um ein Vielfaches von 3 von der Zahl selbst. Zum Beispiel: 1234 und 10 unterscheiden sich um 1224, und $1224 = 3 \cdot 408$. Wir machen weiter mit 1234. Die Quersumme ist $10 = 1+2+3+4$, wie wir gesagt haben. Den Unterschied zwischen 1234 und 10 können wir also aufschreiben als:

$$1234–10 = 1000 + 200 + 30 + 4–(1+2+3+4),$$

was wir praktisch ordnen können als

$$1000–1 + 200–2 + 30–3 + 4 - 4.$$

Das ist gleich

$$1 \cdot 999 + 2 \cdot 99 + 3 \cdot 9,$$

denn $1000–1 = 999$, $200–2 = 2 \cdot 99$ und $30–3 = 3 \cdot 9$. Weil sowohl 999 als auch 99 und 9 durch 3 teilbar sind, ist die Zahl $1 \cdot 999 + 2 \cdot 99 + 3 \cdot 9$ durch 3 teilbar.

Dasselbe Argument, inklusive des praktischen Ordnens, funktioniert auch für jede andere Zahl. Der Unterschied zwischen der Zahl und ihrer Quersumme ist immer die Summe von Vielfachen von 9, 99, 999, 9999 und so weiter – Zahlen, die alle durch 3 teilbar sind (und durch 9, was der Grund dafür ist, dass der Trick für die Teilbarkeit durch 9 auf dieselbe Weise funktioniert).

Kurzum: Die Quersumme einer Zahl unterscheidet sich durch ein Vielfaches von 3 von der Zahl selbst. Und wenn die Quersumme durch 3 teilbar ist, ist es die Zahl selbst also auch.

Das ist ein schönes Beispiel dafür, was Mathematiker oft machen: Beweisen, dass bestimmte praktische Tricks oder Muster für alle Zahlen gelten, indem sie ein unwiderlegbares Argument geben. Das ist die Kraft der Mathematik!

Auch für manche anderen Zahlen gibt es diese Art Tricks. Vielleicht kannst du selbst überlegen, warum sie funktionieren.

Jeanine

Eine Zahl ist teilbar durch …	***wenn …***
2	*die letzte Ziffer gerade ist*
3	*die Quersumme durch 3 teilbar ist*
4	*die letzten beiden Ziffern eine Zahl bilden, die durch 4 teilbar ist (also ist 3216 durch 4 teilbar, denn 16 ist durch 4 teilbar; aber 3261 nicht, weil 61 nicht durch 4 teilbar ist)*
5	*die Zahl auf 5 oder 0 endet*
6	*sie durch 2 und 3 teilbar ist*
7	*die Zahl, die du folgendermaßen erhälst, durch 7 teilbar ist: Streiche die letzte Ziffer der Zahl weg und zieh zweimal diese letzte Ziffer von der Zahl ab, die übrig bleibt (Beispiel: 336 wird* $33 - 2 \cdot 6 = 21$ *und das ist durch 7 teilbar, also ist 336 durch 7 teilbar)*
8	*die letzten drei Ziffern eine Zahl bilden, die durch 8 teilbar ist*

9	*die Quersumme durch 9 teilbar ist*
10	*sie auf 0 endet*
11	*die alternierende Quersumme durch 11 teilbar ist (Beispiel: 1234 hat als alternierende Quersumme* $1-2+3-4=-2$ *und ist also nicht durch 11 teilbar; aber 7051 hat als alternierende Quersumme* $7-0+5-1=11$ *und ist damit durch 11 teilbar)*
12	*die Zahl durch 3 und 4 teilbar ist*

Geschenktipp Planimeter

Das Planimeter ist zweifellos die stärkste Rechenhilfe, die du haben kannst. Es berechnet problemlos die Oberfläche einer zufälligen zweidimensionalen Form – das ist immer praktisch, wenn du wissen willst, wie groß der Kaffeefleck auf deinem Teppichboden genau ist. Das Planimeter ist einfach zu bedienen: Du bewegst den Fahrstift entlang des Umrisses der Oberfläche, die du ausrechen willst, und das Planimeter gibt dir die Oberfläche an. Das macht es, indem es allerlei verzwickte Integrale ausrechnet. Die meisten Mathematiker können das nicht nachmachen. Bei (Internet-)Versteigerungen kannst du für 50 bis 200 Euro ein Second-hand-Planimeter finden.

Rechenmeister Ludolph van Ceulen

Wenn du wissen willst, wie die Dezimalstellen der Zahl π (das Verhältnis zwischen Umfang und Durchmesser eines Kreises, ungefähr gleich 3,14159265...) aussehen, musst du heutzutage lediglich deinen Taschenrechner nehmen oder deinen Computer einschalten. Das war im 17. Jahrhundert noch anders. Auch damals war man schon an π interessiert.

Die Berechnung war in jener Zeit gewiss kein Vergnügen, aber Fecht- und Rechenmeister Ludolph van Ceulen (1540-1610) dachte darüber ganz anders. Er berechnete π bis auf sage und schreibe 35 Dezimalstellen. Seine Methode stammt von Archimedes (287-212 v. Chr., siehe auch Seite 53). Ein Kreis mit dem Durchmesser 1 hat einen Umfang der Länge π. Aber man kann einen Kreis niemals so genau zeichnen und messen, dass man π auf diese Weise vernünftig annähern kann. Dafür muss man sich also etwas anderes überlegen.

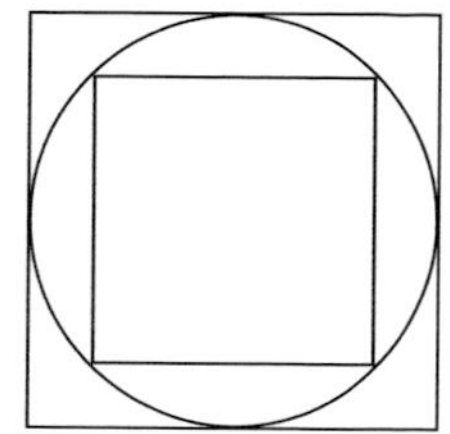

Zeichne jetzt *in* einen Kreis mit dem Durchmesser 1 ein Quadrat, das noch gerade in den Kreis passt, und zeichne *um* diesen Kreis herum auch ein Quadrat, bei dem der Kreis genau die vier Seiten berührt. Dann liegt der Umfang des Kreises zwischen den Umfängen des kleinen und des großen Quadrats. Und Umfänge von Quadraten kann man leicht ausrechnen.

Bei einem Kreis mit dem Durchmesser 1 findest du auf diese Weise, dass

$$2\sqrt{2} < \pi < 4.$$

Die Zahl $2\sqrt{2}$ ist ungefähr 2,82842712, das ist also keine gute Annäherung von π. Aber wenn du anstelle der Quadrate regelmäßige Vielecke mit viel mehr Ecken in und um den Kreis legst und davon den Umfang ausrechnest, kriegst du immer bessere Unter- und Obergrenzen für π.

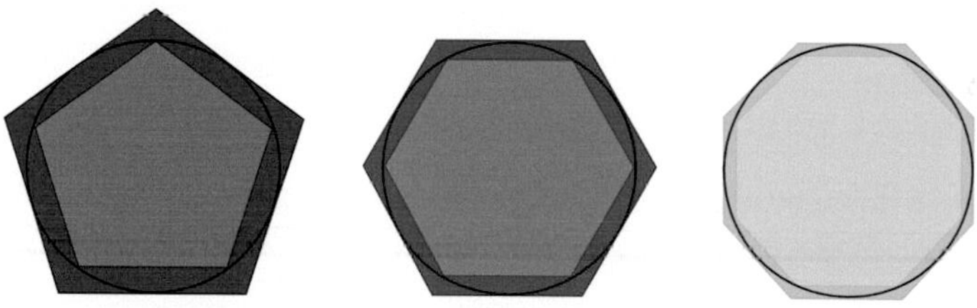

Archimedes verwendete regelmäßige 96-Ecken und fand heraus, dass

$$3,140909654 < \pi < 3,142826575.$$

Van Ceulen ging viel weiter und benutzte regelmäßige 32.212.254.720-Ecken. Damit fand er 20 Dezimalzahlen. Für seine 35 Dezimalstellen muss er ein Vieleck mit noch mehr Ecken verwendet haben, aber wir wissen nicht, welches. Es ist eine große Leistung, besonders, wenn man bedenkt, dass er dafür unzählige Wurzeln mit extrem vielen Dezimalstellen ziehen musste. Und das noch alles mit der Hand...

Mit seinen Näherungen konnte Van Ceulen en passant einige gelehrte Zeitgenossen, die behaupteten, eine Lösung der Quadratur des Kreises gefunden zu haben, in die Schranken verweisen. Bei der Kreisquadratur geht es darum, aus einem gegebenen Kreis einer bestimmten Größe ein Quadrat zu konstruieren, das denselben Flächeninhalt hat. Das ist eine unmögliche Aufgabe und liegt an dem Wort „konstruieren“: Du darfst lediglich einen Zirkel und ein Lineal gebrauchen. 1882 wurde definitiv bewiesen, dass das Problem nicht lösbar ist, aber im 17. Jahrhundert wusste man das noch nicht sicher. Van Ceulen konnte mit seinen Näherungen von π jedoch zeigen, dass die behaupteten Lösungen alle falsch waren.

Er war sehr stolz auf seine Leistung und darum kamen die 35 Dezimalstellen von π auf seinen Grabstein. Das war das erste Mal, dass all diese Dezimalen veröffentlich wurden. In der Pieterskerk in Leiden ist eine Kopie des Grabsteins zu sehen.

Rätsel Messen ist Wissen

1. Wie viele Inches passen in eine Meile?

a) 633,6
b) 6336
c) 63.360
d) 633.600

2. Welcher Fluss ist mit einer Länge von ungefähr 6825 Kilometern der längste der Erde?

a) der Nil
b) der Amazonas
c) der Mississippi
d) der Jangtse

3. Wie viele Kilometer wachsen deine Haare pro Stunde?

a) $1,7 \cdot 10^{-4}$
b) $1,7 \cdot 10^{-8}$
c) $1,7 \cdot 10^{-16}$
d) Sei nicht so albern, Haare wachsen nicht in Stundenkilometern.

4. Nimm an, dass du alle Menschen, die jetzt auf der Erde leben, zusammenbringen willst. Du gibst jedem einen Quadratmeter, auf dem er sitzen kann. Wie viel Platz braucht man, um jeden unterbringen zu können?

a) ganz Europa
b) Belgien, Deutschland und die Niederlande
c) die Niederlande
d) halb Schleswig-Holstein
e) Oberhausen

5. Wenn du hier auf der Erde 60 Kilogramm wiegst, wie viel würde die Waage dann auf dem Mond anzeigen?

a) ungefähr 10 kg
b) ungefähr 30 kg
c) immer noch 60 kg
d) ungefähr 120 kg

Buchtipp Supergute Tage oder die sonderbare Welt des Christopher Boone

Ein 15-jähriger autistischer Junge beginnt als echter Detektiv zu ermitteln, nachdem er einen toten Hund auf der Straße gefunden hat. Er ignoriert alles, was auf irgendeine Weise mit Emotionen zu tun hat, und ist fasziniert von Mathematik. Seine systematisch zu weit getriebene Logik ist oft bewegend. Achte beim Lesen auch auf die schöne Nummerierung der Kapitel. Und noch ein zusätzlicher Bonus: Im Anhang steht ein ausgearbeiteter mathematischer Beweis.

Mark Haddon, **Supergute Tage oder die sonderbare Welt des Christopher Boone.** München: Blessing, 2005.

Binäres Rechnen

Wir Menschen rechnen heutzutage meistens im Dezimalsystem, aber Computer rechnen binär, im Dualsystem. Anstelle von zehn Symbolen (0 bis 9) braucht man beim binären Rechnen nur zwei Symbole, zum Beispiel 0 und 1 (oder „an" und „aus").

Vom Dezimalsystem zum Binärsystem

Im Dezimalsystem gebrauchen wir Zehnerpotenzen (Einer, Zehner, Hunderter und so weiter). Wenn man ein Dualsystem benutzt, rechnet man mit Zweierpotenzen. Um die Zahl 1729 im Dualsystem zu schreiben, geht man wie folgt vor:

Erst bestimmt man, welche Zweierpotenz die größte ist, die in 1729 passt. Das ist 1024, bzw. 2^{10}. Dann subtrahiert man 1024 von 1729 und behält 705 übrig. Auf die gleiche Weise geht es weiter: Die größte Zweierpotenz, die in 705 passt, ist 512, bzw. 2^9. Dann subtrahiert man das von 705 und es bleibt 193 übrig. Da passt $2^8 = 256$ nicht hinein, aber $2^7 = 128$ schon. Die Differenz zwischen 193 und 128 ist 65. In 65 passt $64 = 2^6$. Dann bleibt noch 1 übrig, und $1 = 2^0$. Das Ergebnis ist jetzt:

$$1729 = 1\cdot 2^{10} + 1\cdot 2^9 + 0\cdot 2^8 + 1\cdot 2^7 + 1\cdot 2^6 + 0\cdot 2^5 + 0\cdot 2^4 + 0\cdot 2^3 + 0\cdot 2^2 + 0\cdot 2^1 + 1\cdot 2^0$$

Also schreiben wir im Dualsystem 1729 als 11011000001.

Jetzt denkst du vielleicht: Die Zahl wird lediglich länger, wenn man sie binär aufschreibt, was hat das für einen Vorteil? Nun ja, der Vorteil für einen Computer ist vor allem, dass nur zwei Symbole oder Stellungen nötig sind und sie daher von einer Maschine leichter verarbeitet werden kann.

Es ist interessant, das Rechnen mit Binärzahlen einmal näher zu betrachten. Wenn man zwei Binärzahlen hat, zum Beispiel 11011 und 110, dann kann man natürlich ausrechnen, was ihre Quersumme ist, indem man sie erst in das Dezimalsystem zurückübersetzt, darin auf die normale Art die Quersumme berechnet und dann das Ergebnis wieder zurück ins Dualsystem übersetzt. Das klingt nicht nur umständlich, es ist es auch. Man kann nämlich im Dualsystem ungefähr dieselben Rechenmethoden anwenden wie in unserem Dezimalsystem und manche Berechnungen gehen sogar noch viel leichter.

Addieren

Wir addieren zunächst:

```
11011
  110 +
------
.....
```

Wir beginnen wie immer rechts. Wir sehen: 1 + 0, das ist 1, also schreib 1 auf:

```
11011
  110 +
------
....1
```

Der nächste Schritt: 1 + 1, das ist 10, also schreib 0 auf und merke dir 1:

```
  1
11011
  110 +
------
   01
```

Der nächste Schritt: Die gemerkte 1 addieren wir zu 1, also 1 + 0 + 1 = 10, notiere 0 und merke dir 1:

```
 11
11011
  110 +
------
  001
```

Und so machst du weiter, bis du schließlich das Ergebnis 100001 erhältst. Fertig! Wenn du es nicht glaubst, kannst du das Ergebnis kontrollieren, indem du alles in das Dezimalsystem zurückrechnest.

Subtrahieren

Auch Subtrahieren funktioniert wie im Dezimalsystem, wenngleich man sich manchmal eine „10" (also eigentlich eine 2) leihen muss, wenn man in der Berechnung 0 – 1 begegnet. Pass auf, dass du dann 10 – 1 = 1 rechnest (denn schließlich ist 2 – 1 = 1). Wir subtrahieren 110 von 11011:

```
  10
 1X011
   110 -
 ------
 10101
```

Multiplizieren

Wenn man im Dezimalsystem zwei Zahlen untereinander schreibt und multipliziert, muss man das kleine Einmaleins kennen. Im Dualsystem musst du lediglich wissen, was die 0er- und die 1er-Reihen sind und die sind auch noch besonders leicht: $0 \cdot 0 = 0$, $1 \cdot 0 = 0$, $0 \cdot 1 = 0$ und $1 \cdot 1 = 1$. Man multipliziert 11011 und 110 miteinander, indem man sie untereinander schreibt und das macht, was man im Dezimalsystem auch machen würde.

Du beginnst rechts unten. Erst steht da eine 0. Dezimal denkst du dann: Juhu, das ist einfach, da passiert nichts! Das ist hier auch so. Also: Schreib eine 0 auf und mach mit der folgenden Ziffer weiter. Das ist eine 1 und du erhältst:

```
   11011
     110 x
  -------
  110110
 ....... +
 --------
 ........
```

Mit der nächsten 1 machst du weiter, du schreibst zwei Nullen auf, multiplizierst und erhältst 1101100. Und jetzt wieder addieren!

```
   11011
     110 x
 ---------
   111
  110110
 1101100+
 ---------
10100010
```

Auch jetzt kannst du kontrollieren, ob es stimmt, indem du alles in das Dezimalsystem umrechnest. Du siehst, dass Multiplizieren im Dualsystem also eigentlich sehr leicht ist.

Dividieren

Schriftliches Dividieren geht wie folgt. Wir teilen 11011 durch 110.

```
110/11011\....
```

Bedenke, dass Multiplizieren mit zwei im Dualsystem darauf hinausläuft, dass man eine Null hinter die Zahl setzt. Als Erstes schaust du, was die größte Zweierpotenz ist, mit der man 110 multiplizieren kann, wobei das Ergebnis noch in 11011 passt (diese Zweierpotenzen schreibst du binär natürlich als 1, 10, 100, 1000, 10000 und so weiter).
Es ist klar, dass 110 noch 100 (also acht) Mal in 11011 passt, aber nicht 1000 (also sechszehn) Mal.

```
110/11011\1..
    11000-
    ------
      ...
```

Du subtrahierst $110 \cdot 100 = 11000$ von 11011 und siehst:

```
110/11011\100
    11000-
    ------
       11
```

In 11 passt 110 nicht mehr hinein, also finden wir: 11011 : 110 = 100, Rest 11. Umgerechnet in das Dezimalsystem steht da: 27 : 6 = 4, Rest 3. Stimmt!

Was man an dieser Berechnung gut sieht, ist, dass die Rechenmethoden, die du in der Grundschule gelernt hast, unabhängig von dem Zahlensystem sind, das du gebrauchst. Es ist dann natürlich schon wichtig, dass du innerhalb einer Berechnung alle Zahlen immer konsequent in demselben Zahlensystem aufschreibst.

Binär zählen und Morgengymnastik

Wenn du weißt, wie das Dualsystem funktioniert, kannst du natürlich auch binär zählen: 0, 1, 10, 11, 100, 101, 110, 111, 1000 und so weiter.

Eine Variation davon ist eine mathematische Form von Morgengymnastik. Setze sechs Personen (am besten müde Personen, die die Nacht durchgemacht haben) in eine Reihe. Sorg dafür, dass die Person, die am übelsten dran ist, ganz rechts sitzt. Das sollte angesichts der Tatsache, dass sie nicht mehr so gut nachdenken kann und sich deshalb nicht allzu sehr dagegen sträubt, gut klappten. Gib diesen Menschen dann folgende Aufgabe: Zählt als Reihe binär bis 63, wobei „stehen“ für 1 steht und „sitzen“ für 0. Wenn du überlegst, was die rechte Person während dieser Aufgabe machen muss, verstehst du, warum das eine gute Morgengymnastik ist...

Eine etwas schwierigere Version geht wie folgt. Das Prinzip ist dasselbe, aber anstelle von Zählen musst du so schnell wie möglich binär als Zahl 27 stehen, wenn der große, böse Spielleiter „27“ ruft. Da muss man wirklich eben kurz nachdenken. Aber jetzt hat die Person rechts es wirklich leicht, denn sie muss nur wissen, ob die Zahl gerade oder ungerade ist.

Geschenktipp Binäres T-Shirt

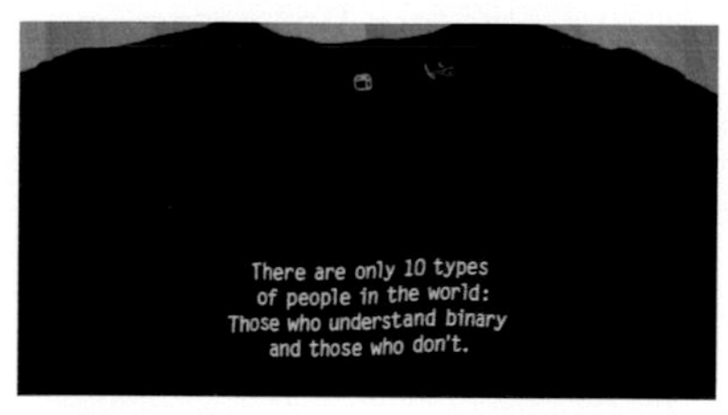

Dieser Klassiker darf in deiner Sammlung nicht fehlen. Allerdings musst du schon aufpassen, dass bei einem Mathematiktreffen nicht noch 10 weitere Menschen in demselben T-Shirt herumlaufen.
Erhältlich auf **thinkgeek.com**

Rätsel Kreuzwortzahlenrätsel

Horizontal

2. 40 Gros
4. eine sechste Potenz
6. die Wurzel aus 8 horizontal
8. Palindrom und eine vierte Potenz
9. die kleinste ungerade Primzahl, die nicht zu einem Primzahlzwilling gehört
10. 64 im Oktalsystem
11. das Jahr, in dem Bertrand Russel sein Paradoxon entdeckte

Vertikal

1. die zwölfte Primzahl
2. die kleinste Zahl, für die gilt: Bei Division durch jeweils 2, 3, 4, 5 und 6 ist der Rest 1, 2, 3, 4, 5
3. $2^4 \cdot 5^2 \cdot 41^2$
5. $2^3 + 2^3 + 13^3$
6. die Quersumme und die Zahl selbst sind beides Primzahlen
7. die binäre Schreibweise für 13
9. perfekte Zahl

1		2		3	
4	5				
			6		7
	8				
9			10		
		11			

Do-it-yourself: Napier'sche Rechenstäbchen

Die Napier'schen Rechenstäbchen sind ein Hilfsmittel beim Multiplizieren. Dabei handelt es sich um elf viereckige Stäbchen. Es gibt ein spezielles Stäbchen, auf dem lediglich von oben nach unten die Ziffern 1 bis 9 stehen. Bei den anderen Stäbchen steht auf allen vier Seitenrändern so etwas wie das hier:

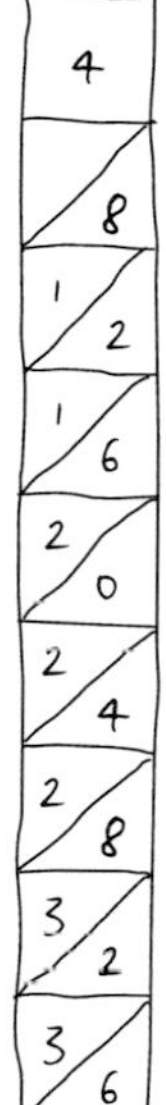

Auf diesem Bild siehst du zum Beispiel das Stäbchen für 4. Ganz oben steht also die 4. Darunter steht die Zahl 8 bzw. $2 \cdot 4$. Auf der Zeile darunter steht 12, also $3 \cdot 4$, und so weiter: Die ganze 4er-Reihe steht darauf, bis $9 \cdot 4$. Du siehst, dass die Zehner immer links von dem Querstrich stehen und die Einer rechts. Das ist wichtig.
Du hast zehn solcher Stäbchen und auf jedem stehen vier verschiedene Reihen. Jede Reihe von 0 bis 9 kommt genau viermal vor. Wenn du das Stäbchen einmal hast, musst du nur addieren, um eine Multiplikation durchführen zu können.

Wie funktioniert das?

Nimm jetzt an, dass du gerne 5766 mit 243 multiplizieren möchtest. Dann legst du die vier Stäbchen nebeneinander, die oben 5, 7, 6 und 6 drauf stehen haben. Links daneben legst du das besondere Stäbchen mit 1 bis 9 darauf. Jetzt schaust du auf die Reihe, die rechts von der Ziffer 2 des speziellen Stäbchen steht. Diese Reihe sieht nun so aus: 

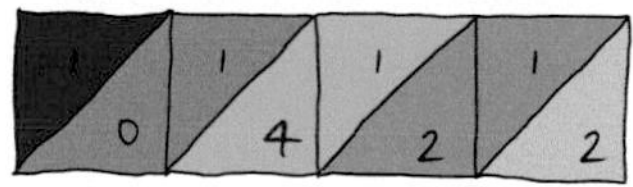

(Also steht da eigentlich 10, 14, 12 und 12, also $2 \cdot 5$, $2 \cdot 7$, $2 \cdot 6$ und $2 \cdot 6$).

Von rechts nach links addieren wir jetzt in jedem kleinen Parallelogramm die Ziffern. Wenn ein Ergebnis über 9 herauskommt, merkst du dir die Zehner und zählst sie beim folgenden Parallelogramm dazu (wie beim „normalen“ Addieren untereinander).

In dem Beispiel erhalten wir also hintereinander 2, $1+2=3$, $1+4=5$, $1+0=1$ und 1, also wird das 11.532, wenn wir die Ergebnisse hintereinander setzen.

Danach schaust du nach der Reihe, die rechts von der 4 steht:

Damit machen wir das Gleiche, jetzt erhalten wir: 23.064.

Schließlich nehmen wir die Reihe rechts von der drei und machen wieder das Gleiche.

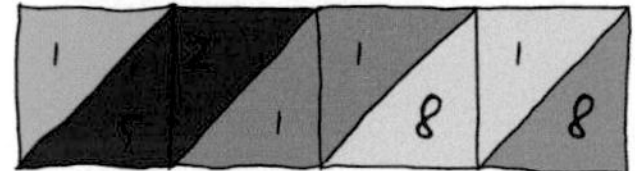

Das Ergebnis ist jetzt 17.298.

Die drei Ergebnisse, die wir gefunden haben, setzen wir auf die folgende Weise schräg untereinander und addieren:

```
11532..
23064.
  17298 +
-------
1401138
```

Und in der Tat: $5766 \cdot 243 = 1.401.138$. Es ist nicht so schwer zu sehen, warum die Antwort stimmt: Diese ganze Prozedur läuft auf genau dasselbe hinaus wie schriftliches Multiplizieren, indem man die Zahlen untereinander setzt, wie du es in der Grundschule gelernt hast.

Der schottische Mathematiker John Napier (1550-1617) führte seine Rechenstäbchen in einer Arbeit ein, die 1617 publiziert wurde. Die Napier’schen Rechenstäbchen waren eine ganze Zeitlang sehr populär, auch auf dem europäischen Kontinent.

Du brauchst:

- einen Stab mit quadratischem Durchschnitt von ungefähr 1 cm mal 1 cm (gibt's im Baumarkt) von mindestens 99 cm Länge
- eine Säge
- einen Kugelschreiber
- ein Lineal

Und so geht es:

1. Säge den Stab in elf Stücke von je 9 cm Länge.

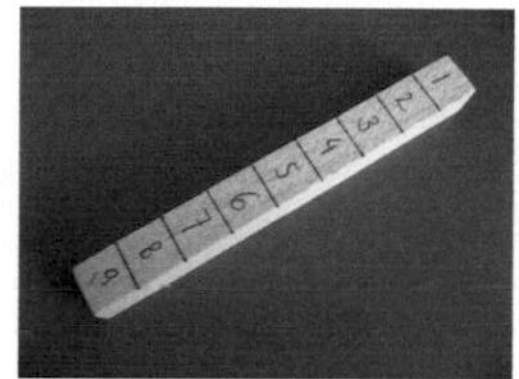

2. Unterteile mit einem Stift eines der Stäbchen an einer Seite in neun Kästchen von 1 cm Höhe und schreib die Ziffern 1 bis 9 von oben nach unten in die Kästchen.

3. Unterteile die zehn anderen Stäbchen an allen Seiten auf dieselbe Weise in neun Kästchen. Halbiere an jeder Seite die untersten acht Kästchen mithilfe eines Schrägstrichs.

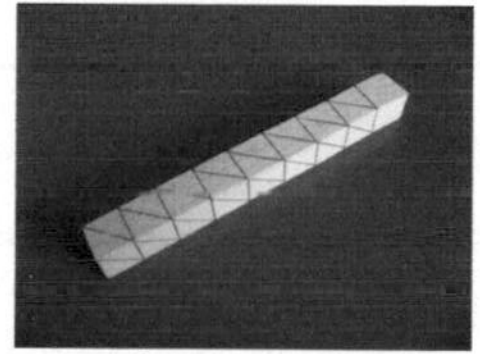

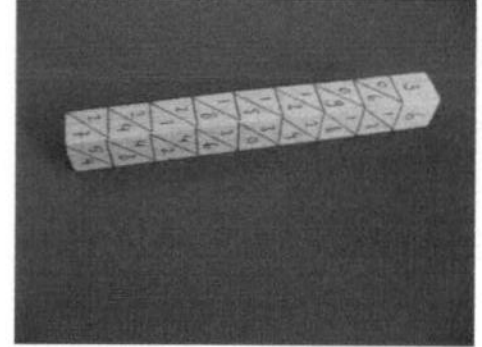

4. Schreib jetzt alle Multiplikationsreihen auf die Stäbchen. Auf jedes Stäbchen kommen vier verschiedene Reihen. Sorge immer dafür, dass die Zehner links von dem Schrägstrich stehen und die Einer rechts. Folge der Reihenfolge so, dass sich zum Beispiel auf dem ersten Stäbchen die 0er-Reihe an der gegenüberliegenden Seite von der 9er-Reihe befindet und die 1er-Reihe gegenüber der 8er. Mach das Gleiche mit den anderen Stäbchen.

	Welche Reihen kommen darauf?
erstes Stäbchen	0, 1, 9, 8
zweites Stäbchen	0, 2, 9, 7
drittes Stäbchen	0, 3, 6, 9
viertes Stäbchen	0, 4, 9, 5
fünftes Stäbchen	1, 2, 8, 7
sechstes Stäbchen	1, 3, 8, 6
siebtes Stäbchen	1, 4, 8, 5
achtes Stäbchen	2, 3, 7, 6
neuntes Stäbchen	2, 4, 7, 5
zehntes Stäbchen	3, 4, 6, 5

5. Die Napier'schen Rechenstäbchen sind für den Gebrauch fertig, also rechne los!

Buchtipp Beremis, der Zahlenkünstler

Hank-Tade-Maiah ist auf dem Weg nach Bagdad und trifft unterwegs einen Mann mit einem besonderen Rechentalent: den Perser Beremis, „der Zahlenkünstler". Diese Eigenschaft sorgt für eine Menge interessanter Begegnungen und schöner Probleme.

Das Buch wurde 1949 von Malba Tahan geschrieben, ein Pseudonym des brasilianischen Schriftstellers und Mathematikers Júlio César de Mello e Souza (1895-1974). Es besteht aus kurzen Kapiteln in der arabischen und persischen Welt, in denen immer ein anderes Problem an die Reihe kommt. Es liest sich schnell weg und in der Zwischenzeit lernst du eine Menge über Rechnen und Mathematik. Es ist auch für Mittelstufenschüler geeignet und schön als Inspirationsquelle für kurze Rechenpuzzels für die Klasse.

Malba Tahan, **Beremis, der Zahlenkünstler.** Mannheim: Patmos/CVK, 2003.

Sternschnuppen: Wim Klein

In der Rubrik „Sternschnuppen“ über Mathematiker, die auf eine bemerkenswerte Weise ums Leben kamen, erzählen wir dieses Mal die sehr bizarre Geschichte des Rechenkünstlers Wim Klein (1912-1986). Klein ist auch unter seinen Künstlernamen „Pascal“ und „Willie Wortel“ bekannt geworden.

Wim Klein wurde 1912 in eine jüdischen Familie in Amsterdam geboren. Schon in der Grundschule geriet er in den Bann des Rechnens: Bei der Primfaktorzerlegung ging der Lehrer bis 100, aber Klein machte in den Pausen bis 10.000 weiter. Auf der weiterführenden Schule lernte er ganze Logarithmentafeln auswendig.

1929 beging seine Mutter Selbstmord und Kleins Vater zwang ihn in eine Richtung, in die er eigentlich nicht wollte. Sein Vater war praktischer Arzt und wollte gerne, dass sein Sohn Wim die Praxis übernimmt. Nach seinem Abitur im Jahr 1932 begann Klein also Medizin zu studieren, anstatt aufzutreten – was er eigentlich viel lieber wollte. Er schleppte sich durch das Studium, bis er 1938 damit aufhörte. Sein Vater war inzwischen gestorben und Wim und sein Bruder Leo lebten eine Zeitlang von dem Erbe.

Auch sein Bruder Leo konnte außergewöhnlich gut Kopfrechnen und die beiden Brüder wurden von einem Neurologen untersucht. Die Untersuchung ergab, dass Leo ein sogenannter visueller Typ war und Wim ein auditiver. Oder besser: Leo musste die Zahlen vor sich sehen und Wim murmelte sie vor sich hin.

Während des Zweiten Weltkriegs arbeitete Wim anfänglich in einem jüdischen Krankenhaus, aber später musste er untertauchen. Leo wurde abtransportiert und überlebte den Krieg nicht. Nach der Befreiung konzentrierte sich Wim mehr auf die Rechenkunst und trat mit allerlei Nummern auf, beispielsweise als Fakir oder als „Pascal, das niederländische Rechenwunder“. Außerdem arbeitete er als Straßenkünstler in Belgien und Frankreich.

1952 wurde er als wissenschaftlicher Rechner beim *Mathematisch Centrum* in Amsterdam (das heutige *Centrum Wiskunde & Informatica, CWI*) angenommen. In dieser Zeit waren die Computer noch nicht so weit entwickelt und die Rechenarbeit konnte durch Klein oft viel schneller erledigt werden. Manchmal trat er bei einem Kongress auf, zum Beispiel beim International Congress of Mathematicians, der 1954 in Amsterdam stattfand. Außerdem zog Klein regelmäßig durch Schulen und Theater im In- und Ausland, um seine Kunst vorzuführen. Er trat sogar im Palais de la Découverte in Paris und in der Music Hall in London auf.

1958 bekam Klein einen Job als wissenchaftlicher Rechner beim *Conseil Européen pour la Recherche Nucleaire* (CERN) in Genf. Ab Mitte der 1960er-Jahre wurden die Computer jedoch immer besser und Klein wurde vor allem als Maskottchen des CERN eingesetzt. Er fühlte sich in der Schweiz auch nicht mehr so zu Hause und kehrte schließlich 1976 in die Niederlande zurück, nachdem er in Frühpension gegangen war.

Dort konnte er sich wieder ganz seinen Variété-Aufritten widmen. Seine Spezialität wurde das Wurzelziehen, darum nannte er sich selbst auch „Willie Wortel", Willie Wurzel. Er füllte seine Säle nicht nur in den Niederlanden, sondern auch in Amerika und Japan, und brach ständig seine eigenen Rekorde. 1974 bekam er seinen ersten Eintrag im *Guinness Book of Records*, indem er innerhalb von anderhalb Minuten die neunzehnte Wurzel aus einer Zahl mit 133 Ziffern zog, und es folgten mehr und mehr.

Am 1. August 1986 wurde Wim Klein tot von seiner Haushälterin in seinem Haus in Amsterdam aufgefunden. Er wurde mit einem Messerstich ermordet, wahrscheinlich schon am Vortag, und das Haus wurde durchsucht. Die Polizei nahm schnell einen Bekannten von Klein fest, aber dieser wurde wieder freigelassen. Der Mord wurde nie aufgeklärt.

Kapitel 6
Warum man nie im Lotto gewinnt: Wahrscheinlichkeiten

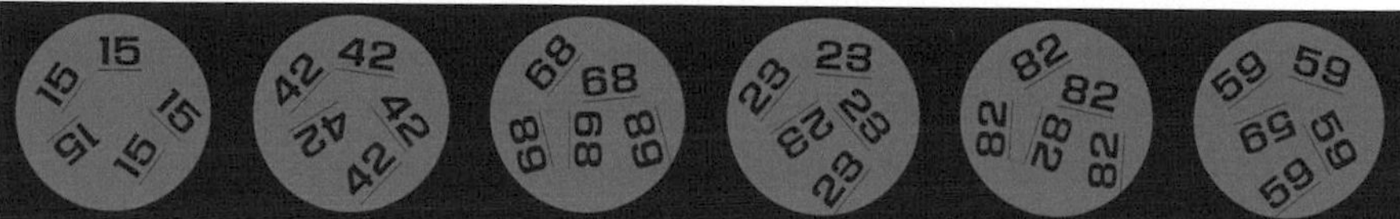

Wenn es um Wahrscheinlichkeiten geht, können wir unserer Intuition nicht vertrauen. Es bleibt schwer zu begreifen, dass am Roulettetisch nach zehnmal Schwarz die Wahrscheinlichkeit für Rot wirklich nicht größer wird. Die Wahrscheinlichkeit ist und bleibt 50%, wie oft Schwarz auch hintereinander gefallen ist. In diesem Kapitel besprechen wir einige Fallen und weitere Höhepunkte aus der Wahrscheinlichkeitsrechnung und Statistik.

Was bedeutet es beispielsweise, wenn ein Meteorologe für Samstag eine Regenwahrscheinlichkeit von 60% vorhersagt? Oder wie groß ist die Wahrscheinlichkeit, dass ein Neandertaler den Hauptpreis im Lotto gewinnt, wenn er 300.000 Jahre lang spielt? Und was musst du machen, wenn ein Test, der zu 99% zuverlässig ist, angibt, dass du krank bist? In der Rubrik „Do-it-yourself" nehmen wir uns eine Gruppe von Menschen vor. Wie sind ihre Körperlängen aufgeteilt?

Des Weiteren besprechen wir einen Fehler, der beinah täglich in der Zeitung gemacht wird: das Verwechseln von Korrelation und Kausalität. Und wir zeigen, dass die ursprüngliche Absicht des Body-Mass-Index nicht war, zu sagen, dass bestimmte Menschen zu schwer sind.

In der Rubrik „Sternschnuppen" geht es dieses Mal um Jan de Witt. Er war (außer ein berühmter Staatsmann) der Erste, der berechnete, was eine Leibrente kosten musste.

Der letzte Teil in diesem Kapitel ist vielleicht ein bisschen scharf, aber er zeigt schön, wie man mit Mathematik Betrug entlarven kann.

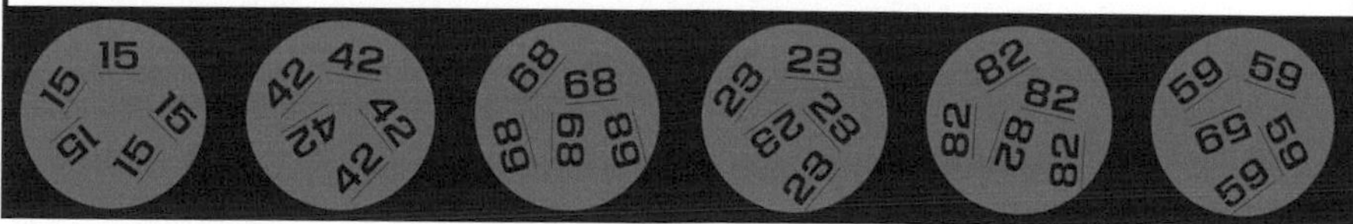

J. Daems, I. Smeets, *Mit den Mathemädels durch die Welt*,
DOI 10.1007/978-3-662-48099-1_6

Niederschlagswahrscheinlichkeit

In der Wettervorhersage für die kommenden fünf Tage steht pro Tag hübsch als Prozentzahl eine Niederschlagswahrscheinlichkeit. Zum Beispiel: „Samstag 60% Niederschlagswahrscheinlichkeit." Wahrscheinlichkeiten werden nämlich in Prozenten ausgedrückt oder in einer Zahl zwischen 0 und 1 (eine Wahrscheinlichkeit von 25% stimmt mit einer Wahrscheinlichkeit von 0,25 überein). Manchmal ist klar, was eine Wahrscheinlichkeit bedeutet. Wenn du mit einem fairen Würfel würfelst, dann wirst du nach ganz häufigem Würfeln in einem von sechs Fällen eine 4 gewürfelt haben. Die Wahrscheinlichkeit für eine 4 ist also $\frac{1}{6}$ (ungefähr 17%).

Aber ich hab mich schon mal gefragt, was diese Niederschlagswahrscheinlichkeiten nun eigentlich bedeuten. Als Richtlinie funktionieren sie prima und natürlich sind sie genau dafür da. Aber als Mathematikerin will ich es gerne genauer wissen. Bedeutet 60% Niederschlagswahrscheinlichkeit, dass die Wahrscheinlichkeit 60% ist, dass es heute irgendwo im Land regnen oder schneien wird? Das scheint mir nicht wahr zu sein. Wenn es in Süd-Limburg zu einem Wolkenbruch kommt, aber im Rest der Niederlande scheint die Sonne, willst du eigentlich nicht, dass die Niederschlagswahrscheinlichkeit sehr hoch ist. Ich vermute, dass es bedeutet, dass ein zufälliger Ort 60% Wahrscheinlichkeit für Niederschlag hat. Oder bedeutet das, dass es in 60% des Landes regnen wird? Oder dass in ungefähr 60% der Zeit Niederschlag nach unten kommt? Das könnte auch sein.

Wie das Wetter werden soll, ist sowieso schwer zu berechnen. Dahinter stecken sehr verzwickte Modelle und manchmal geben unterschiedliche Modelle bei den gleichen Gegebenheiten auch unterschiedliche Vorhersagen. Was beabsichtigt der Wetterdienst also mit so einer Prozentangabe?

Ich habe also kurz die Seite des Wetterdienstes durchstöbert und tatsächlich eine zusätzliche Erklärung gefunden. Das Wetter kann man niemals mit absoluter Sicherheit vorhersagen, aber manchmal gibt es Tage, an denen die Meteorologen nahezu sicher wissen, dass es regnet oder eben nicht, und an anderen Tagen gibt es mehr Zweifel. Der Wetterdienst schreibt: „Um dieses Maß von Unsicherheit auszudrücken, wird die Niederschlagswahrscheinlichkeit in Prozenten angegeben." Weil es immer etwas Unsicherheit gibt, ist diese Prozentangabe nahezu nie 0 oder 100.

Was auch schnell deutlich wird: Die Niederschlagswahrscheinlichkeiten gelten für einen zufälligen Ort in den Niederlanden und sie basieren auf Tagen mit einer vergleichbaren Wettersituation. Wenn die Wahrscheinlichkeit für Niederschlag 90% ist, ist es beinah sicher, dass an diesem Tag an dem Ort, an dem ich bin, etwas runterkommt. Wenn die Wahrscheinlichkeit aber nur 10% ist, bleibt es beinah sicher überall trocken. Bei einer Wahrscheinlichkeit von 50% kann es an einem zufälligen Ort genauso gut trocken sein wie regnen oder schneien, da sind die Vorhersagen nicht eindeutig.

Über Menge und Dauer des Regens sagt die Prozentangabe also nichts. Heutzutage wird die Niederschlagswahrscheinlichkeit darum auch in den Vorhersagen genannt.

Jeanine

Buchtipp So lügt man mit Statistik

Ein geflügeltes Wort sagt: „Trau keiner Statistik, die du nicht selbst gefälscht hast!" Aber wie fälscht man eine Statistik eigentlich geschickt? Der Dortmunder Wirtschaftsprofessor Walter Krämer zeigt in seinem Buch, auf wie viele Arten wir überlistet werden können, wenn wir Statistiken zu blauäugig Glauben schenken.

Er erklärt auf anschauliche Weise, welche Fehler bei der Datenerfassung vorkommen, wie man grafische Darstellungen manipuliert und Trends unzulässig fortschreibt und auch, dass Piktogramme nur scheinbar gute Illustrationen einer Statistik sind. Und was bedeutet es eigentlich, dass die Anzahl der Neugeborenen in Schweden korreliert mit der Anzahl der Störche? Nach der Lektüre dieses Buches wirst du Statistiken in Zeitungen und Zeitschriften mit ganz anderen Augen lesen.

Walter Krämer, **So lügt man mit Statistik.** München: Piper, 2009.

Im Lotto gewinnen

Die Wahrscheinlichkeit, im Lotto zu gewinnen, ist ziemlich klein. Wie der Statistiker John Haigh einmal bemerkte, ist es für eine Durchschnittsperson wahrscheinlicher, dass sie innerhalb von einer Stunde nach Ausfüllen des Tippscheins tot umfällt, als dass sie den Jackpot gewinnt.

Im September 2009 geschah beim bulgarischen Lotto etwas Verrücktes: Es wurden die Zahlen 4, 15, 23, 24, 35 und 42 gezogen. Was war an diesen Zahlen so besonders? Nichts, außer, dass bei der vorherigen Ziehung genau dieselben Zahlen gefallen waren. Aber nur 18 Teilnehmer hatten das zweite Mal wieder diese Zahlen richtig (ob sie wohl immer das vorherige Ergebnis tippen?) und durften sich den Hauptgewinn teilen.

Der Ziehungsmechanismus wurde untersucht, aber dabei kam heraus, dass kein Betrug vorlag, auch wenn die Wahrscheinlichkeit für zweimal dasselbe Ergebnis schon sehr klein war. Aber ist sie das wirkich? Jede Folge von sechs Zahlen hat bei einer neuen Ziehung dieselbe Wahrscheinlichkeit und zweimal hintereinander 4, 15, 23, 24, 35 und 42 ist genauso zufällig wie 4, 15, 23, 24, 35 und 42, gefolgt von 1, 2, 3, 4, 5 und 6 oder welchen sechs Zahlen auch immer.

Die Wahrscheinlichkeit für ein bestimmtes Ergebnis ist sowieso sehr klein. In den Niederlanden gibt es beim Lotto eine wöchentliche Ziehung mit sechs Zahlen zwischen 1 und 45 und eine aus sechs Farben: Das sind mehr als 48 Millionen Möglichkeiten. Wie lange musst du mitspielen, um mit großer Wahrscheinlichkeit im Lotto zu gewinnen? Um genauer zu sein: Nach wie vielen Jahren hast du eine Wahrscheinlichkeit von 95%, dass du mindestens einmal den Hauptpreis gewonnen hast? Die enttäuschende Antwort ist: nach 2,8 Millionen Jahren – vor so langer Zeit gab es noch nicht einmal Menschen. Wenn ein Neandertaler, der ungefähr vor 300.000 Jahren geboren wurde, von seiner Geburt bis jetzt jede Woche im Lotto mitgespielt hätte, dann ist die Wahrscheinlichkeit etwas größer als 27%, dass er inzwischen mindestens einmal den Hauptpreis gewonnen hätte. Die Wahrscheinlichkeit, dass er inzwischen gestorben ist, ist ein Stück größer.

Die Zuverlässigkeit eines 99%ig sicheren Tests

Ich komme aus einer Familie mit Hypochondern. Unsere Hausärzte sind inzwischen an nächtliche Telefonate gewöhnt, weil wir plötzlich denken, dass wir Nackenstarre oder etwas anderes Schreckliches haben. Wenn ich einen Artikel über eine seltsame unheilbare Krankheit lese, dann denke ich sofort, dass ich sie auch habe. Ich erkenne nämlich die Symptome: Ich bin oft müde und ich habe außerdem manchmal Kopfschmerzen. In so einem Moment sagt mein Freund meistens, dass ich die Zeitung mal eben weglegen und mich mit ihm auf eine Terrasse in die Sonne setzen soll.

Ganz selten lasse ich mich doch auf etwas testen und während ich auf das Ergebnis warte, denke ich über Mathematik nach. Nimm zum Beispiel an, dass einer von 10.000 Menschen eine bestimmte Krankheit hat und dass es für diese Krankheit einen Test gibt, der zu 99% zuverlässig ist. Das bedeutet, dass der Test bei 99% der Menschen, die an dieser Krankheit leiden, ein positives Ergebnis hat. Andererseits gibt der Test bei 99% der Personen, die nicht an der Krankheit leiden, ein negatives Ergebnis. Nimm an, dass ich mich mit diesem Test testen lasse (die 99% Zuverlässigkeit klingt immerhin sehr überzeugend) und dass das Ergebnis positiv ist. Wie groß ist dann die Wahrscheinlichkeit, dass ich diese Krankheit habe?

Was scheint glaubhaft? Ungefähr 1%, 50% oder 99%? Denk ruhig einmal gut darüber nach. Ich nehme übrigens an, dass Menschen, die sich testen lassen, kein erhöhtes Risiko für die Krankheit haben.

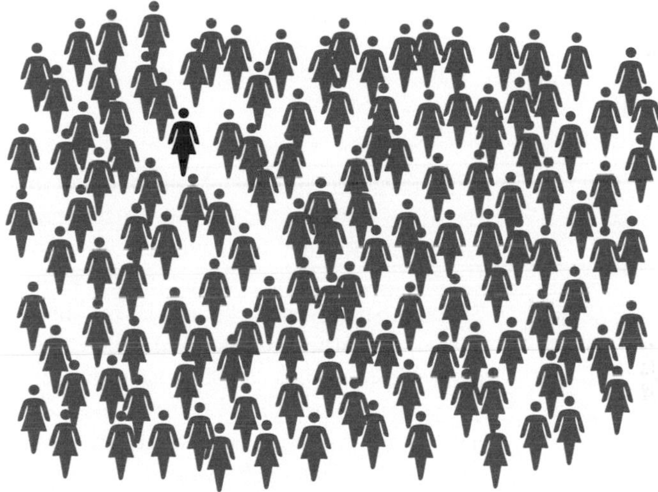

Die ziemlich erstaunliche richtige Antwort ist, dass die Wahrscheinlichkeit, dass ich krank bin, geringer ist als 1%. Rechne ruhig mit: Nimm der Leichtigkeit halber an, dass sich insgesamt eine Million Menschen testen lassen. Dieselbe Rechnung gilt für eine zufällige Anzahl getesteter Menschen, aber mit einer Million rechnet es sich etwas leichter. Wir wissen, dass einer von 10.000 Menschen die Krankheit hat: Das sind in einer Gruppe von einer Million also 100 Kranke. Von diesen 100 gibt der Test in 99 Fällen das Ergebnis „positiv", eine Person erhält das falsche Ergebnis „negativ". Daneben sind 999.900 gesunde Menschen, die sich testen lassen. Von dieser

Gruppe kriegt 1% zu Unrecht die Mitteilung „positiv", das sind 9.999 Menschen. Die anderen 998.901 gesunden Menschen kriegen hübsch das negative Ergebnis.

Insgesamt kriegen also 10.098 Menschen ein positives Testergebnis, während nur 99 davon die Krankheit wirklich haben. Wenn ich ein positives Testergebnis erhalte, ist die Wahrscheinlichkeit, dass ich diese Krankheit habe, also 99/10.098 und das läuft auf 0,98% hinaus. Der Test mit 99% Zuverlässigkeit scheint doch nicht so ganz zuverlässig – auch wenn 99% der Menschen, die den Test machen, das richtige Ergebnis erhalten.

In der Praxis werden Tests gebraucht, die eine höhere Zuverlässigkeit haben – eine falsche Positivmeldung ist also sehr selten. Eine falsche Negativmeldung ist auch selten, aber ein echter Hypochonder kümmert sich natürlich nicht darum. Neulich sah ich übrigens auf einmal einen komischen Fleck auf meinem Arm, vielleicht muss ich den doch noch einmal untersuchen lassen.

Ionica

Buchtipp Eine gewisse Ungewissheit oder Der Zauber der Mathematik

1919 wird ein indischer Mathematiker wegen Gotteslästerung festgenommen. Um freizukommen, muss er vor einem Richter erklären, warum er nicht an Gott glaubt. Das tut er mit Axiomen und Beweisen. Ungefähr 70 Jahre später entdeckt sein Enkel Ravi, dass er mit denselben mathematischen und philosophischen Dilemmata wie einstmals sein Opa ringt. Er geht auf die Suche nach den alten Gerichtsprotokollen. Zwischendurch nehmen die Autoren den Leser mit zur Stanford University, wo Ravi das Fach *Thinking about infinity* besucht. Dieses Fach wird so anziehend beschrieben, dass du es auch gleich besuchen willst! Eigentlich ist an diesem Buch alles gut. Die Personen sind intelligent, nuanciert und lebendig, die Geschichte ist subtil und das Buch ist voller Witze für Naturwissenschaftler.

Guarav Suri und Hartosh Singh Bal, **Eine gewisse Ungewissheit oder Der Zauber der Mathematik.** Köln: Dumont, 2008.

Rätsel Eine Möglichkeit, freizukommen

In einem weiten Land steht ein Gefängnis mit einem mathematisch bewanderten Direktor. Er bietet 100 Gefangenen die Möglichkeit freizukommen. Er stellt 100 hölzerne Kästchen in einer Reihe in ein Zimmer und steckt in jedes Kästchen den Namen eines Gefangenen. Jeder Name kommt genau einmal vor. Die Gefangenen werden einer nach dem anderen in dieses Zimmer gebracht. Jeder von ihnen darf maximal 50 Kästchen öffnen, um zu sehen, welcher Name darin ist. Er muss das Zimmer danach genauso hinterlassen, wie er es vorgefunden hat, er darf die Kästchen also nicht in eine andere Reihenfolge stellen. Außerdem kann er auf keine Weise mit den anderen kommunizieren.

Die Gefangenen dürfen vorher zusammen eine Strategie überlegen und die werden sie bitter nötig haben. Denn sie werden nur freigelassen, wenn jeder Gefangene die Kiste mit seinem eigenen Namen darin aufmacht. Wenn das nicht gelingt, dann werden sie alle enthauptet.

Was ist die beste Strategie?

Es gibt eine Strategie, bei der die Gefangenen mit einer Wahrscheinlichkeit von über 30% freikommen. Welche Strategie ist das?

Merke dir, dass, wenn jeder Gefangene 50 zufällige Kästchen aufmacht, die Wahrscheinlichkeit, dass sie freikommen, gleich $(\frac{1}{2})^{100}$ ist. Und das ist mit ungefähr $7{,}9 \times 10^{-31}$ sehr viel kleiner als 30%!

Der amerikanische Mathematiker Peter Winkler machte eine Liste mit Rätseln, von denen man in erster Instanz denkt, dass man sie nicht lösen kann. Das Gefangenenrätsel ist unser Favorit auf dieser Liste. Wenn man die Lösung erfährt, reagieren die Menschen zum Beispiel mit: „Wow, das geht ja wirklich! Unglaublich, ich hätte nicht gedacht, dass ich das jemals miterleben würde!"

Hinweis

Du musst nicht zuvor bestimmen, welches Kästchen du öffnest. Du kannst auch erst in ein Kästchen schauen und dann erst beschließen, welches du als nächstes aufmachst.

(Die Lösung steht am Ende dieses Buches.)

Korrelation und Kausalität

Ich bin etwas besessen von bestimmten Schlagzeilen in den Wissenschaftsnachrichten in der Zeitung und (vor allem) im Internet. Schlagzeilen, in denen ein bestimmter Zusammenhang zwischen zwei Phänomenen genannt wird und bei denen gleichzeitig die Vorstellung geweckt wird, dass der Zusammenhang kausal ist. Zum Beispiel: „Nightlight may lead to nearsightedness", was suggeriert, dass der Gebrauch einer Nachtlampe bei jungen Kindern zu Kurzsichtigkeit führen könnte.

Diese Studie wurde später auch von anderen wiederholt und es kam heraus: Der Besitz einer Nachtlampe hatte überhaupt keinen Effekt auf Kurzsichtigkeit. Der Grund, dass Kinder mit einer Nachtlampe häufiger kurzsichtig waren, ist Vererbung: Kurzsichtige Eltern kriegen häufiger kurzsichtige Kinder und kurzsichtige Eltern lassen außerdem gerne nachts eine Lampe an!

Denkfehler wie diese liegen auf der Lauer, wenn man den Unterschied zwischen Korrelation und Kausalität nicht genug beachtet. Wenn zwei Phänomene oft zusammen auftreten (Korrelation), bedeutet das nicht per se, dass das eine das andere verursacht (Kausalität). Dieser Trugschluss hat einen schönen Namen: *cum hoc ergo propter hoc* (Latein für: mit diesem, folglich wegen diesem).

Es gibt verschiedene andere Möglichkeiten: Vielleicht verursacht das andere eben doch das eine. Manchmal ist die Korrelation einfach Zufall. Und manchmal gibt es eine Menge unübersichtlicher anderer Faktoren, die etwas beeinflussen, wie bei Korrelationen in der komplexen Weltwirtschaft.

Oder – und das finde ich die schönste Option – vielleicht gibt es einen offenkundigen dritten Faktor, der die beiden Phänomene verursacht, wie in dem Beispiel der Nachtlampen. Ein klassisches Beispiel ist die Korrelation zwischen der Anzahl eingesetzter Feuerwehrleute und der Beschädigung durch einen Brand. Verursachen viele Feuerwehrmänner einen größeren Schaden? Nein, natürlich nicht. Es werden mehr Feuerwehrmänner eingesetzt, weil es ein großer Brand ist und ein größerer Brand mehr Schaden anrichtet. Aber in vielen Fällen ist es etwas subtiler und man sieht nicht sofort, was nicht stimmt.

Ein weiteres schönes Beispiel hörte ich vor einiger Zeit während eines Vortrags des Ernährungswissenschaftlers Martijn Katan. Er berichtete von einer Studie, die nachweist, dass eine Korrelation zwischen dem Demenzrisiko und wenig Sport treiben besteht, mit der dazugehörigen Schlagzeile: „Sport treiben senkt das Demenzrisiko". Aber es könnte auch sein, dass beginnende Demenz dafür sorgt, dass man wenig Sport treibt. Oder es könnte ein dritter Faktor im Spiel sein, zum Beispiel ungesund leben (Rauchen, viel Alkohol trinken, fett essen) – was oft mit wenig Sport treiben einhergeht und außerdem ein Risikofaktor für Demenz ist.

Wenn ich so eine Schlagzeile lese, finde ich es schön, mir selbst mögliche dritte Faktoren zu überlegen. Einfach als ein Gedankenexperiment, um einmal zu sehen, wie wahrscheinlich so ein Zusammenhang jetzt eigentlich ist, wenn man einzig seinen gesunden Verstand gebraucht. Mit dem Nebeneffekt, dass man den Artikel kritischer lesen wird. Oft zeigt sich während des Lesens, dass der Zusammenhang subtiler ist als die Schlagzeile suggeriert. Manchmal wird es natürlich schon einen kausalen Zusammenhang geben, aber dafür brauchst du mehr Argumente als das Auftreten einer Korrelation allein.

Ich denke übrigens schon, dass ein kausaler Zusammenhang zwischen meinem mathematischen Hintergrund und meiner Besessenheit von diesem Denkfehler besteht. Oder spielt dabei etwa auch ein dritter Faktor eine Rolle? Hmmm.

Jeanine

Sternschnuppen: Jan de Witt

Jan (auch Johan) de Witt war ein bekannter Staatsmann: Jeder Niederländer lernt seinen Namen im Geschichtsunterricht in der Schule. Was viele Menschen nicht wissen, ist, dass De Witt außer Staatsmann auch Mathematiker war.

Jan wurde 1625 in Dordrecht geboren. Nach der Lateinschule zog er zusammen mit seinem Bruder Cornelis nach Leiden, um Jura zu studieren. Dort wohnten die Brüder im Haus von Frans van Schooten Senior, einem Mathematiker. Jan de Witt nahm neben seinem Jurastudium Mathematikunterricht bei Frans van Schooten Junior (dem Sohn seines Hauswirts, wie du wahrscheinlich schon erraten hast).

Nach seinem Abschluss arbeitete er als Anwalt, blieb aber daneben als Mathematiker aktiv. Zwischen 1646 und 1649 schrieb er zum Beispiel *Elementa Curvarum Linearum* (Über die Beschreibung anderer krummer Linien), das 1659 in der Anlage einer Übersetzung einer Schrift von René Descartes herausgegeben wurde.

Sehr schnell erlebte die politische Karriere von De Witt einen Aufschwung: Ab 1653 war er Ratspensionär von Holland. Das bedeutet so ungefähr, dass er Ministerpräsident war. Unter seiner Leitung schloss Holland 1654 Frieden mit England.

Es gibt noch viel mehr über De Witt als Staatsmann zu erzählen. Aber weil dies ein Mathematikbuch ist, fassen wir es eben kurz zusammen. In der Zeit, in der er regierte, ging es den Vereinigten Niederlanden nicht sehr gut. Das Goldene Zeitalter war eigentlich schon vorbei. Übrigens scheinen die Historiker sich darüber einig zu sein, dass De Witt eine weiße Weste hatte – im Gegensatz zu vielen anderen Regierenden aus der Zeit.

1671 benötigte der Staat dringend Geld. In dieser Zeit kam die Obrigkeit oft an Geld, indem sie Leibrenten ausgab. Das Prinzip hinter der Leibrente ist einfach: Ein Bürger zahlt ein Startkapital ein und benennt jemanden (den „Leib"). Solange dieser am Leben ist, bezahlt der Staat jedes Jahr Rente an den Bürger und seine eventuellen Hinterbliebenen. Die große Frage ist natürlich: Welche Rente ist für ein bestimmtes Startkapital die richtige?

Lange Zeit machte der Staat dies aufs Geratewohl und musste dadurch immer viel zu viel Geld auszahlen. Jan de Witt war der Erste, der dieses Problem in seinem Pamphlet *Waerdije van lijf-renten naar proportie van Los-renten* aus dem Jahr 1671 theoretisch analysierte. De Witt sagte in dieser Streitschrift, dass ein Vertrag ehrlich ist, wenn das Startkapital genauso hoch ist wie die durchschnittliche Rendite. Das würden wir in der modernen Wahrscheinlichkeitsrechnung den Erwartungswert nennen. Mit diesem Werk lieferte De Witt einen bahnbrechenden Beitrag zur Versicherungsmathematik. Es ist übrigens nicht klar, ob dieses Pamphlet in seiner Zeit Einfluss hatte, aber wir wissen schon, dass sich Experten aus dem 18. Jahrhundert damit auskannten.

Jan de Witt 1652.

Das folgende Jahr 1672 ging als „das Katastrophenjahr“ in die niederländische Geschichte ein. Für Jan de Witt selbst war es sicher grauenhaft. Im Juni fielen ihn ein paar betrunkene Jugendliche auf der Straße an und stachen ihn mit einem Dolch nieder. De Witt überlebte den Anschlag, aber während seiner Genesung wurde seine Funktion von seinen politischen Gegnern ausgeübt. Sein Bruder Cornelis wurde in dieser Zeit wegen Verrats festgenommen und Jan de Witt zog sich als politischer Führer zurück.

Am 20. August 1672 besuchte er seinen Bruder Cornelis beim Gevangenpoort, dem Stadttor für Gefangene, in Den Haag. Die Bewacher wurden auf einen Befehl hin weggeschickt und eine wütende Meute drang in das Gefängnis ein und schleppte die Brüder nach draußen. Dort wurden sie durch die Masse auf sehr brutale Weise ermordet und ihre Leichen wurden in Stücke geschnitten. Die Mörder wurden nie bestraft.

Das Gesetz der großen Zahlen

Wenn man ganz oft eine faire Münze wirft, dann erwartet man, dass man auf Dauer ungefähr die Hälfte der Male Kopf geworfen hat und die andere Hälfte Zahl. Das Gesetz der großen Zahlen sagt, dass deine Intuition hier stimmt.

Dem Gesetz zufolge wird es bei wiederholten, unabhängigen Experimenten mit derselben Wahrscheinlichkeit p für Erfolg immer wahrscheinlicher, dass die Gewinnquote nahe bei dieser Wahrscheinlichkeit p liegt. Oder, um es genau zu sagen (für die Liebhaber, der Rest darf schnell weiterlesen): Die Wahrscheinlichkeit, dass die Gewinnquote mehr als eine positive Zahl ε von p abweicht, geht gegen null, wenn die Anzahl der Experimente gegen unendlich geht, für jedes positive ε.

Praktisch für Casinos

Das Gesetz der großen Zahlen sorgt dafür, dass Wahrscheinlichkeitsprozesse auf lange Zeit vorhersagbare Ergebnisse liefern. Ein Casino muss ab und zu einem Spieler etwas Geld ausbezahlen, der ein paar Mal hintereinander am Roulettetisch Glück hatte, aber über ein ganzes Jahr kann es ziemlich genau vorhersehen, wie groß der Gewinnprozentsatz ist.

Beim Roulette landet die Kugel auf lange Sicht ungefähr die Hälfte der Male auf schwarzen Nummernfächern und die Hälfe der Male auf roten (der Einfachheit halber ignorieren wir die grüne Null). Aber das bedeutet nicht, dass nach zehnmal Rot die Wahrscheinlichkeit für Schwarz auf einmal größer ist: Sie bleibt immer bei 50%. Und es bedeutet auch nicht, dass genau gleich häufig Rot wie Schwarz fallen wird. Wenn man das Rad eine Million Mal dreht, ist die Wahrscheinlichkeit sehr klein, dass man genau 500.000 Mal Rot und 500.000 Mal Schwarz dreht. Mehr noch: Der absolute Unterschied zwischen der Anzahl der Male Rot und Schwarz wird wahrscheinlich sogar größer werden, aber das geht sehr langsam, sodass der Prozentsatz von Rot und Schwarz doch immer gegen 50% geht.

Prozentsatz für Schwarz

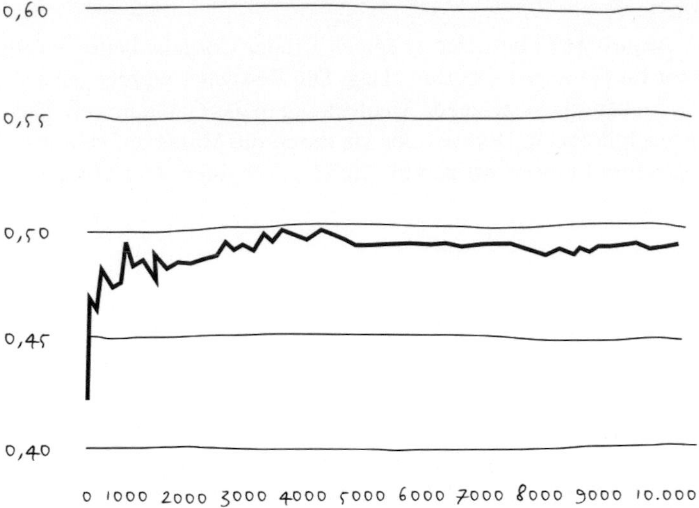

Absoluter Unterschied zwischen der Anzahl von Schwarz und Rot

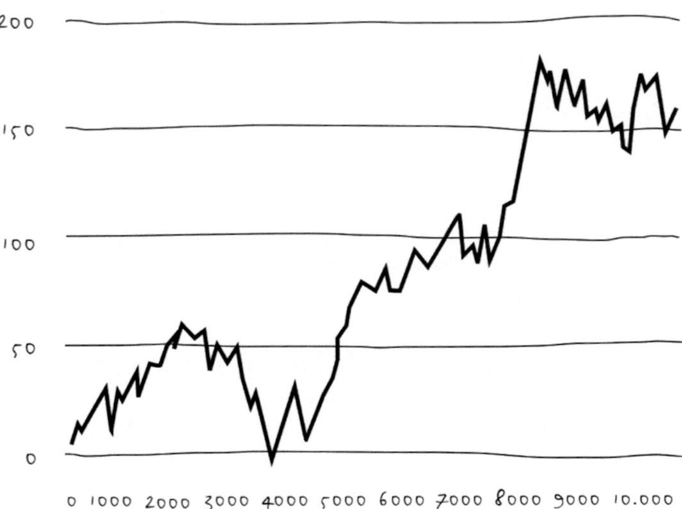

Nachdem man 10.000-mal das Rouletterad gedreht hat, ist der Prozentsatz für Schwarz 49,22% und der Unterschied zwischen der Anzahl roter und schwarzer Ergebnisse 156. Dieser Unterschied ist purer Zufall und von einem Konstruktionsfehler des Tisches kann keine Rede sein.

Zweimal große Zahlen

Dieses Gesetz klingt (in der genauen mathematischen Formulierung) so unglaublich logisch, dass es schwer vorzustellen ist, dass die Welt anders gemacht sein sollte. Doch kostete es Jacob Bernoulli (1654-1705), den ersten Mathematiker der einflussreichen schweizerischen Familie Bernoulli, ungefähr 20 Jahre, einen stimmigen Beweis zu finden. Im 16. Jahrhundert hatte der Mathematiker und Berufszocker Gerolamo Cardano das Gesetz übrigens auch schon formuliert, aber ohne Beweis.

Bernoulli nannte sein Ergebnis „Goldenes Theorem", aber es wurde sehr schnell als „der Satz von Bernoulli" bekannt. 1835 umschrieb der französische Mathematiker Siméon Poisson den Satz als „la loi des grands nombres" (französisch für „das Gesetz der großen Zahlen") und dieser Name ist hängen geblieben. Trotz des Namens geht es dabei nicht etwa um große Zahlen wie eine Million oder eine Milliarde, sondern um eine große Anzahl an Versuchen, die man machen muss.

Filmtipp N is a Number

Der ungarische Mathematiker Paul Erdős (1913-1996) war ein ganz besonderer Mann. Er arbeitete am liebsten mit Menschen zusammen und dafür reiste er um die ganze Welt. Er hatte deshalb auch kein Haus und keinen Job. Seine Produktivität war außergewöhnlich hoch und er lebte von Kaffee und Aufputschmitteln. Die Dokumentation *N is a Number* gibt ein gutes Bild von dieser faszinierenden Persönlichkeit und ihrem ganz eigenen Blick auf die Welt.

Die Dokumentation N is a Number – A Portrait of Paul Erdős (George Csicsery, 1993) ist über www.zalafilms.com erhältlich oder online auf YouTube zu sehen.

Übergewicht?

Den jüngsten Zahlen des CBS, des Zentralen Amts für Statistik der Niederlande, zufolge haben gut und gerne 47% der Niederländer ab 20 Jahren oder älter Übergewicht (Zahlen aus dem Jahr 2009). In Belgien sind die Zahlen gleich: Auch 47% der Belgier haben Übergewicht (Zahlen aus dem Jahr 2008). Hierbei ist Übergewicht mithilfe des sogenannten Body-Mass-Index (BMI) definiert: Dein BMI ist dein Gewicht geteilt durch das Quadrat deiner Größe, wobei du dein Gewicht in Kilogramm und deine Größe in Metern einsetzen musst. Wer 60 kg wiegt und 1,67 m groß ist, hat einen BMI von $\frac{60}{1{,}67^2} = 21{,}5$.

Man hat Übergewicht, wenn man einen BMI von mehr als 25 hat. Mit einem BMI zwischen 25 und 30 hat man leichtes Übergewicht, mit einem von 30 oder mehr starkes Übergewicht. Man hat Untergewicht, wenn der BMI geringer als 18,5 ist.

Aber was bedeutet diese Zahl jetzt eigentlich? Es ist eine sehr seltsame Größe: Du teilst dein Gewicht (eigentlich deine Masse) durch das Quadrat deiner Länge. Die dazugehörige Einheit ist also $\frac{kg}{m^2}$. Physiologisch gesehen bedeutet dieser Wert überhaupt nichts; der BMI misst keine wirklich existierende Eigenschaft deines Körpers.

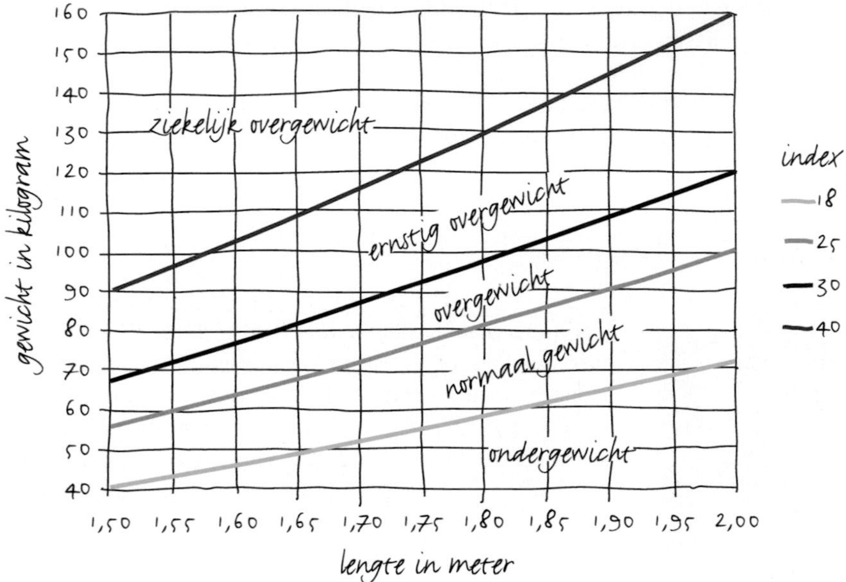

Die Grafik zeigt das Verhältnis von Gewicht (in Kilogramm) und Größe (in Metern) zueinander. Der Bereich oberhalb der pinken Linie entspricht einer Adipositas, der Bereich zwischen der pinken und der schwarzen Linie steht für starkes Übergewicht, der oberhalb der grauen für Übergewicht. Im Bereich zwischen der grauen und der grünen Linie hat man Normalgewicht, darunter Untergewicht.

Ein anderes Problem ist, dass der Index nicht mit Körperbau und Fettanteil rechnet. Eine athletische Person mit vielen Muskeln und wenig Fett ist relativ schwer und hat einen hohen BMI, denn Muskeln haben eine höhere Dichte als Fett. Doch will man eigentlich nicht sagen, dass so jemand Übergewicht hat. Auch wie das Fett über deinen Körper verteilt ist -- was ordentlich was für dein Gesundheitsrisiko ausmacht -- wird im BMI nicht mitgerechnet.

Quételet und Statistik

Der BMI wird nach dem belgischen Mathematiker und Astronom Adolphe Jacques Quételet (1796-1874) auch Quételet-Index genannt. Er war einer der ersten, der statistische Methoden für die Analyse von zum Beispiel Sterberaten und gesellschaftlichen Gegebenheiten wie Kriminalität verwendete. Davor wurde Statistik eigentlich nur in der Astronomie benutzt.

Quételet probierte anhand von Messungen Daten über „den Durchschnittsmenschen" zu erhalten. Er sammelte eine Menge davon und ermittelte eine Relation zwischen Länge und Gewicht. In seinem Buch *Sur l'homme, et le développement de ses facultés* (1835) schreibt er, dass, über die gesamte Bevölkerung genommen, das Gewicht ungefähr in einem festen Verhältnis steht zu dem Quadrat der Größe.

1972 wurde der Quételet-Index von Ancel Keys, der den Einfluss von Ernährung auf die Gesundheit untersuchte, Body-Mass-Index getauft. Er verband die Formel mit Übergewicht, sagte aber auch, dass der BMI nur für Bevölkerungsstudien und nicht als diagnostisches Instrument für Individuen geeignet ist. Der BMI beschreibt, wie sich das Gewicht von Menschen durchschnittlich zu ihrer Größe verhält, aber so eine Beschreibung ist damit noch nicht sofort eine individuelles Rezept. Welches Gewicht gesund ist, hängt auch von den zuvor genannten Faktoren wie Körperbau und Muskelmenge ab. Aber weil er so leicht zu berechnen ist, wird der Index doch auch oft gebraucht, um zu sagen, ob jemand zu leicht oder zu schwer ist.

Do-it-yourself: Eine lebende Grafik

Du brauchst:

- eine große Gruppe an Männern und Frauen

Und so geht es:

1. Es ist wichtig, Männer und Frauen zu trennen. Wenn du eine gemischte Gruppe hast, dann kannst du zwei separate Grafiken erstellen. Es ist auch praktisch, dafür zu sorgen, dass jeder in der Gruppe ungefähr gleich alt ist. Wir nehmen mal an, dass du eine Gruppe erwachsener Frauen versammelt hast (wenn du eine andere Gruppe hast, musst du die Zahlen in diesem Beispiel ein bisschen der eigenen Vorstellung anpassen).
2. Stelle alle Frauen, die kleiner als 1,55 m sind, in eine Reihe.
3. Stelle daneben alle Frauen in eine Reihe, die zwischen 1,55 m und 1,575 m groß sind.

4. Stelle daneben alle Frauen in eine Reihe, die zwischen 1,575 m und 1,60 m groß sind.
5. Mach so weiter mit Intervallen von 2,5 cm, bis zur letzten Reihe: Frauen, die größer sind als 1,80 m.

Schüler des Isendoorn College in Warnsveld machten die Probe aufs Exempel und erstellten zwei lebende Grafiken: Jungen (links) und Mädchen (rechts).

Was für eine Formel hat diese lebende Grafik?

Theoretisch kommt die lebende Grafik in die Nähe einer Normalverteilung. Eine Verteilung gibt an, wie Wahrscheinlichkeiten auf bestimmte Ereignisse verteilt sind. Die Grafik einer Normalverteilung hat ein bisschen die Form einer Glocke: Der Durchschnitt hat die höchste Wahrscheinlichkeit. Außerdem ist die Grafik symmetrisch: Die Wahrscheinlichkeit, dass man mehr als 37% über dem Durchschnitt liegt, ist genauso groß wie die Wahrscheinlichkeit, dass man mehr als 37% darunter liegt. Es gibt mehr als eine Normalverteilung: Die genaue Form wird durch den Durchschnitt und die Standardabweichung (die angibt, wie viel die Ergebnisse davon abweichen) festgelegt.

Die Normalverteilung ist so bekannt, weil ihr so viele Phänomene ungefähr folgen. Die Grafik der Größen von allen erwachsenen Männern in den Niederlanden oder Belgien wird wahrscheinlich sehr wie eine Normalverteilung aussehen: Sehr viele Männer sind ungefähr 1,80m. Noch immer viele Männer sind 1,75 oder 1,85m. Und Männer, die größer als 2m sind, sind ungefähr genauso selten wie Männer, die kleiner als 1,60m sind. Auch die Verteilung von Frauen folgt einer Normalverteilung, aber diese sind durchschnittlich ungefähr 1,70m groß.

Wie du auf den Fotos siehst, kann die Grafik bei kleinen Gruppen noch ordentlich von der Normalverteilung abweichen. Kommt das, weil die Schüler noch in der Wachstumsphase sind? Oder sind die Gruppen zu klein? Oder ist die Normalverteilung vielleicht doch nicht so ein gutes Modell für die Verteilung von Körpergrößen?

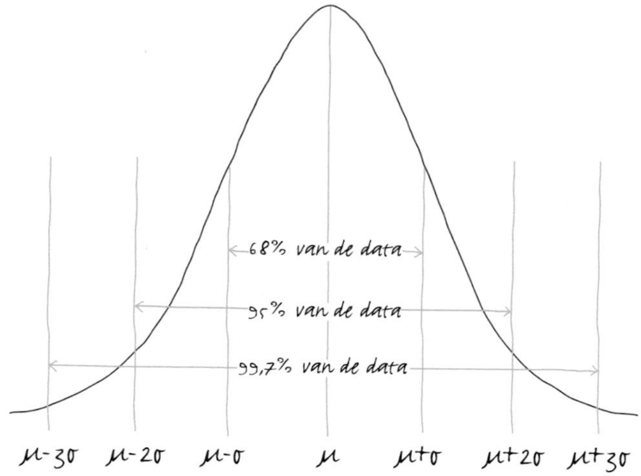

Die Grafik einer Normalverteilung mit dem Durchschnitt μ und der Standardabweichung σ. Zwischen $\mu - \sigma$ und $\mu + \sigma$ befinden sich 68% der Messwerte, zwischen $\mu - 2\sigma$ und $\mu + 2\sigma$ sind 95% und zwischen $\mu - 3\sigma$ und $\mu + 3\sigma$ liegen 99,7% der Daten.

Entdecke Betrug mithilfe der Normalverteilung

Nimm an, dass ein Bäcker Brote von einem Kilogramm backen will. Manchmal werden diese Brote etwas zu leicht ausfallen, manchmal dafür ein bisschen zu schwer. Wenn der Bäcker ehrlich ist, dann müsste das Gewicht der Brote eine symmetrische glockenförmige Grafik haben, mit dem höchsten Punkt bei einem Kilo und einer nicht allzu großen Standardabweichung.

Der französische Mathematiker Henri Poincaré arbeitete Ende des 19. Jahrhunderts an der Sorbonne, der Universität von Paris. Er vermutete, dass der Bäcker in seiner Straße die Menge beschummelte. Er verkaufte Brote von einem Kilo, aber Poincaré hatte den Verdacht, dass die Brote meistens etwas leichter waren. Ein Jahr lange kaufte Poincaré jeden Tag ein Brot, legte es zu Hause auf eine Waage und notierte das Gewicht. Am Jahresende zeichnete er eine Grafik, wie oft welches vorkam. Das Ergebnis war eine symmetrische Grafik mit dem höchsten Punkt bei 950 Gramm. Die meisten Brote wogen ungefähr 950 Gramm, manche waren etwas leichter, manche etwas schwerer. In mathematischen Termen: Was Poincaré sah, ähnelte stark der Grafik einer Normalverteilung mit dem Durchschnitt von 950 Gramm und einer Standardabweichung von 50 Gramm. Für Laien: Der Bäcker beschummelte die Menge, mit Abstand die meisten Brote waren leichter als ein Kilo.

Poincaré ging mit seinem Beweismaterial zur Polizei und der Bäcker bekam eine Verwarnung. Im folgenden Jahr kaufte Poincaré wieder treu jeden Tag ein Brot. Jedes Brot, dass er in diesem zweiten Jahr kaufte, war schwerer als ein Kilo. Doch ging er wieder zur Polizei um zu jammern, dass der Bäcker noch immer die Menge beschummelte. Wie wusste er das?

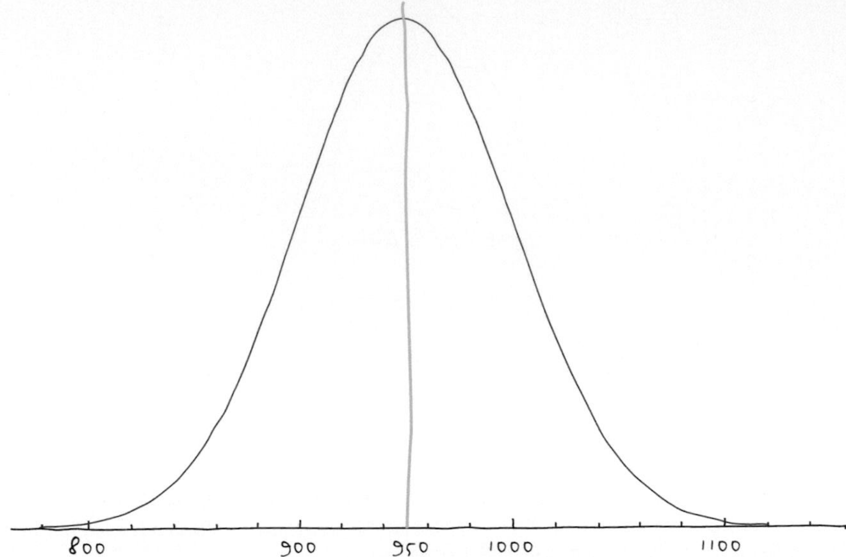

Die Verteilung der Gewichte der Brote, die Poincaré in einem Jahr kaufte.

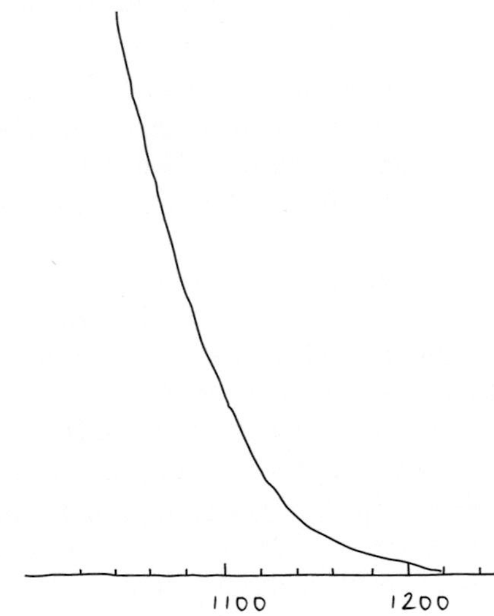

Die Verteilung der Brote, die Poincaré im zweiten Jahr kaufte, sah noch sehr wie die rechte Seite der ersten Grafik aus.

Wenn der Bäcker ehrlich gebacken hätte, dann würden die meisten Brote ungefähr ein Kilo wiegen, manche etwas mehr und manche etwas weniger. Die Grafik von der Verteilung der Gewichte würde dann symmetrisch sein, mit einem Gipfel bei einem Kilo. Aber die Grafik, die Poincaré in jenem zweiten Jahr erhielt, war ganz und gar nicht symmetrisch: Sie begann mit einem hohen Gipfel hinter einem Kilo und fiel danach schräg ab bis ungefähr 1200 Gramm. Das war genau das Stück aus der ersten Grafik, das rechts von einem Kilo lag.

So konnte Poincaré schlussfolgern, dass der Bäcker noch immer Brote von durchschnittlich 950 Gramm backte, auch wenn der schlaue Bäcker dafür gesorgt hatte, dass Poincaré immer ein Brot von mindestens einem Kilo mitbekam. Die anderen Kunden hatten die ganze Zeit über Pech und bekamen meist zu wenig Brot für ihr Geld.

Kapitel 7
Codes und kürzeste Wege: Schlaue Ideen

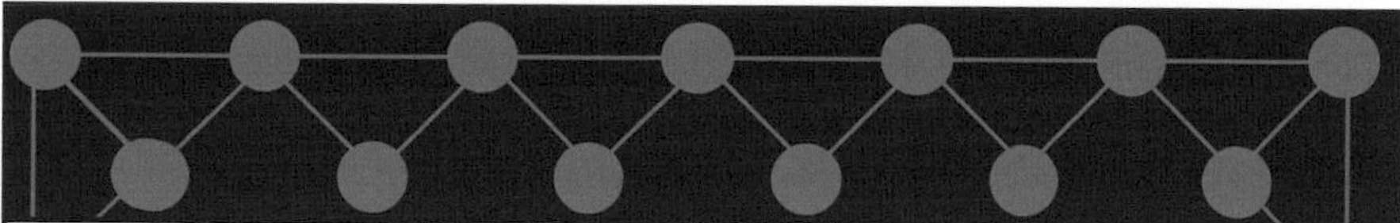

Es ist eine besondere Erfahrung, eine schöne Idee auf einmal vollständig zu durchschauen, zu sehen, dass sie stimmt, warum sie stimmt und warum es absolut nicht anders sein kann. Und es gibt eine Menge schlauer mathematischer Ideen, die zu so einer Erfahrung führen können.

In diesem Kapitel haben wir ein paar dieser klugen Ideen zusammengestellt. Ideen, von denen wir selbst sehr beeindruckt waren, als wir sie zum ersten Mal kennnenlernten oder davon hörten. Ideen, von denen du wünschst, du hättest sie dir selbst überlegt, weil sie — wenn du sie einmal kennst – so schrecklich einfach und schön sind.

Zum Beispiel: In einer Gruppe von sechs Menschen gibt es immer entweder drei Menschen, die sich kennen, oder drei Menschen, die sich nicht kennen. Der Beweis dafür ist einer der elegantesten, die wir kennen. Die Erweiterung dieser Frage führte zur Ramsey-Theorie.

Oder: der Dijkstra- Algorithmus, um den kürzesten Pfad zu finden, benannt nach Edsger Dijkstra, einem der ersten Computerprogrammierer aus den Niederlanden, der es selbst eigentlich ein bisschen komisch fand, dass er vor allem wegen einer so einfachen Idee bekannt geworden ist.

Auch alltäglichere Dinge können mathematisch pfiffig sein. Der französische Autor Raymond Queneau schlug eine einfache Art vor, wie 100 Milliarden Gedichte in ein einziges Buch passen. Die ISBN eines Buches und die Nummer auf einem Geldschein enthalten einen mathematischen Kontrollmechanismus, sodass man Lese- oder Schreibfehler entdecken kann. Und wir verraten eine Art, mit der man Wichtellose verteilt, wenn nicht jeder anwesend ist, ohne dass man einen Außenstehenden benötigt und ohne dass sich jemand selbst zieht.

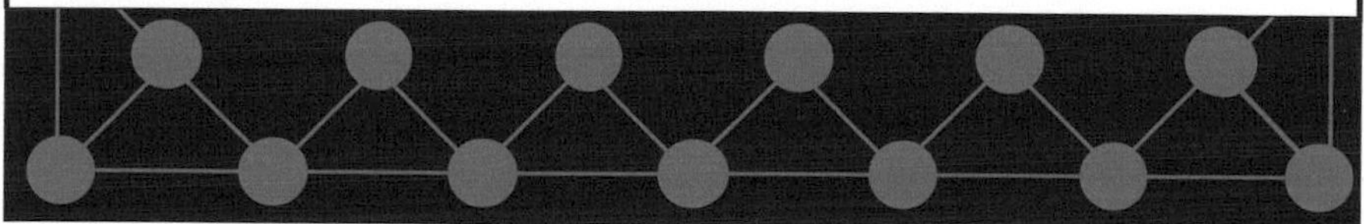

J. Daems, I. Smeets, *Mit den Mathemädels durch die Welt*,
DOI 10.1007/978-3-662-48099-1_7

Codes

Früher im Kindergarten spielten wir ab und zu Stille Post. Die Lehrerin flüsterte einen Satz in das Ohr des Mädchens, das neben ihr saß. Sie gab den Satz dann wiederum an ihren Nachbarjungen weiter und so weiter. Der letzte Schüler musste seinen Satz laut sagen. Das führte meist zu Heiterkeit, denn die Botschaft, die schlussendlich herauskam, war immer ganz anders als die Botschaft, die sich die Lehrerin ausgedacht hatte.

Das gilt auch für viele weitere Informationskanäle: Es kann unterwegs eine Menge mit Daten passieren. Denk an das Rauschen in einem Radiosignal, atmosphärische Störungen, die das Signal eines Satelliten beeinflussen, oder Kratzer oder Staub auf einer CD. Hierdurch erhält der Empfänger eine Botschaft, bei der er nicht alles oder absolut gar nichts versteht, oder vielleicht sogar eine, die etwas ganz anderes sagt, als gemeint war.

Zum Glück gibt es Möglichkeiten, dafür zu sorgen, dass man dahinterkommt, dass etwas falsch ist. Und sie werden in der Kodierungstheorie erforscht.

Die simpelste Lösung ist, alle Daten doppelt zu verschicken. Im Kreis der Knirpse wird die Wahrscheinlichkeit auf ein gutes Ergebnis größer, wenn jeder dieselbe Botschaft zweimal anstatt einmal durchflüstert. Leider nimmt die Menge der Daten, die verschickt werden muss, auf diese Weise ordentlich zu.

Es gibt effizientere Arten, um herauszufinden, dass unterwegs etwas falsch gelaufen ist. So kann man ein Textstück leichter korrigieren als eine zufällige Ziffernfolge: Man erkennt wirklich gut, dass das Wort „enfach" wahrscheinlich „einfach" sein muss, aber wenn man als Botschaft „9789057123368" übermittelt kriegt, hat man keine Ahnung, ob eine Ziffer falsch ist. Darum ist es praktisch, wenn man abspricht, dass nicht jede Zeichenfolge in einer Botschaft erlaubt ist.

Eine kluge Art ist, ein Kontrollsymbol hinzuzufügen. Das passiert zum Beispiel in der ISBN, der Internationalen Standardbuchnummer. Nicht jede aus 13 Ziffern bestehende Zahl kommt als ISBN vor. Die niederländische Ausgabe dieses Buchs hat die ISBN 978-90-5712-336-8. Darin sind überflüssige Informationen enthalten. Die ersten zwölf Ziffern bedeuten alle etwas: 978 bedeutet, dass es eine ISBN ist, 90 steht für das niederländische Sprachgebiet, 5712 für den Herausgeber Nieuwezijds und 336 ist die Nummer des Buches. Dann ist noch eine Ziffer übrig und diese wird anhand der anderen Ziffern berechnet: Die Ziffern auf den geraden Plätzen werden alle mit drei multipliziert und miteinander addiert, und dann werden die erste, dritte, fünfte, siebte, neunte und elfte Ziffer noch dazu addiert. Im Beispiel: $3 \cdot 7 + 3 \cdot 9 + 3 \cdot 5 + 3 \cdot 1 + 3 \cdot 3 + 3 \cdot 6 + 9 + 8 + 0 + 7 + 2 + 3 = 122$. Die letzte Ziffer ist dann, nach Vereinbarung, die Differenz zwischen dieser Zahl und dem folgenden Zehner – in der Tat – 8. So kannst du auch direkt erkennen, dass 978-90-5712-346-8 keine gültige ISBN ist, denn für die Ziffern 978-90-5712-346-... müsste die Kontrollzahl 7 sein und nicht 8.

Kontrollsymbole kommen auch in Kontonummern, im Zahlungsvermerk auf Überweisungsträgern und in niederländischen Bürgerservicenummern vor. Diese Art Tricks und etwas verzwicktere Varianten davon sorgen dafür, dass unser Datenverkehr zuverlässig ist und dass viele Fehler, die unterwegs entstehen, entdeckt werden und manchmal sogar korrigiert werden können.

Hunderttausend Milliarden Gedichte

Der französische Schriftsteller Raymond Queneau (1903-1976) veröffentliche 1961 ein ganz besonderes Buch mit dem Titel: *Cent Mille Milliards de Poèmes* (Hunderttausend Milliarden Gedichte). So ein Titel weckt Erwartungen! Aber wie um Himmels Willen passen 100.000 Milliarden Gedichte in ein Buch? Sogar in einem Buch mit 100.000 Seiten müssten auf jeder Seite eine Milliarde Gedichte stehen, um so viele in ein einziges Buch zu bekommen. Das geht natürlich nicht. Dennoch stimmt der Titel: In Queneaus Buch stehen gewissermaßen wirklich so viele Gedichte.

Queneau schrieb zunächst zehn Sonette. Ein Sonett ist ein Gedicht, das standardmäßig aus 14 Zeilen besteht und sich an ein bestimmtes Reimschema hält. Queneau hielt sich an das Reimschema *abab abab ccd eed* bzw.: Die erste, dritte, fünfte und siebte Zeile reimten sich, die zweite, vierte, sechste und achte Zeile ebenfalls, die neute reimte sich auf die zehnte, die zwölfte auf die dreizehnte und die elfte auf die vierzehnte.

Aber das ist noch nicht alles: Queneau sorgte nicht nur dafür, dass die Reimschemata aller zehn Sonette gleich waren, sondern auch, dass sich korrespondierende Zeilen verschiedener Gedichte reimten. So endete die erste Zeile des ersten Gedichts auf „chemise", die erste Zeile des zweiten Gedichts auf „frise", die erste Zeile des dritten Gedichts auf „prise" und so weiter. Die vierte Zeile des ersten Gedichts endete auf „peaux" und in den anden vierten Zeilen finden wir Schlussworte wie „faux", „normaux" und „haricots", die sich alle reimen.

Diese zehn Gedichte stehen in einem Buch, jedes auf einer rechten Seite (die linken Seiten sind leer). Die Gedichtzeilen sind auseinandergeschnitten, aber sie sind fest in dem Band. Das Resultat ist also ein Buch, bei dem jede Seite aus 14 horizontalen einzelnen Streifen besteht und auf jedem Streifen steht eine Gedichtzeile.

Diese Streifen kann man unabhängig voneinander umblättern. Das bedeutet, dass man zum Beispiel Zeile 1 des fünften Sonetts, Zeile 2 des dritten Sonetts und Zeile 3 des sechsten Sonetts miteinander kombinieren kann. Und der Witz ist: Egal, welche 14 Streifen man auch wählt, man erhält immer ein Sonnett, bei dem das Reimschema stimmt! Queneau hat auch dafür gesorgt, dass die grammatikalische Struktur weiterhin stimmt.

Wie viele Gedichte kannst du auf diese Weise machen? Oder besser: Auf wie viele verschiedene Weisen kannst du die Streifen kombinieren? Für den ersten Streifen mit der ersten Zeile darauf gibt es zehn Möglichkeiten, denn du kannst aus allen zehn Sonetten wählen. Dasselbe gilt für die Steifen 2 bis 14. Insgesamt erhältst du also $10 \cdot 10 \cdot 10 \cdot 10 \cdot 10 \cdot 10 \cdot 10 \cdot 10 \cdot 10 \cdot 10 \cdot 10 \cdot 10 \cdot 10 \cdot 10 = 10^{14}$ Möglichkeiten. All diese Möglichkeiten ergeben verschiedene Gedichte, auch wenn sie manchmal beinah dieselben sind.

Das sind unvorstellbar viele. Nimm an, dass du eine Minute brauchst, um ein Sonett zu lesen. Wenn du 24 Stunden pro Tag lesen würdest, jeden Tag der Woche, würde es 200 Millionen Jahre dauern, bis du alle Sonette gelesen hast!

Filmtipp Geschichte der Mathematik

Mathematiker und Erzähltalent Marcus du Sautoy nimmt dich auf eine Reise in die Geschichte der Mathematik mit. Für diese BBC-Dokumentationsreihe gab es ein ordentliches Budget, also reist Du Sautoy um die ganze Welt. Direkt neben den Pyramiden erzählt er über die Mathematik der alten Ägypter, in einem indischen Tempel sucht er die erste Inschrift, in der Null vorkommt, und in Sankt Petersburg beschreibt er die Arbeit von Euler. Mit wundervollen Bildern, noch schöneren Erzählungen und einem enthusiastischen Erzähler zeigt die *Geschichte der Mathematik*, wie wunderschön Mathematik ist.

Marcus du Sautoy, **Geschichte der Mathematik** (2009), auf DVD erhältlich.

Do-it-yourself: Sehr viele Gedichte machen

Du brauchst:

- einen leeren Schreibblock
- ein Lineal
- Schreib- oder Zeichenmaterial
- eine Schere

Und so geht es:

1. Mach es wie Queneau! Denk dir ein Gedicht aus und mache noch ein paar, die dasselbe Reimschema haben und dieselben Reime an den gleichen Stellen. Es müssen natürlich nicht per se Sonette werden, du kannst genauso gut Limericks erfinden oder ein anderes Reimschema benutzen. Aber es muss bei allen Gedichten dasselbe sein.

2. Zeichne mit einem Lineal Streifen auf einige aufeinanderfolgende rechte Seiten. Schreibe jedes Gedicht auf eine rechte Seite in das Buch, lass die Rückseite der Seite leer. Sorg dafür, dass jede Zeile fein innerhalb eines Streifens steht. Schneide die Streifen auseinander. Fertig!
3. Rechne einmal aus: Wie viele Gedichte stehen jetzt in deinem Buch?

Zeichnen:
Wenn du Gedichte nicht magst, gibt es eine Alternative: Unterteil zum Beispiel jede Seite in fünf Streifen und zeichne auf den obersten Streifen eine Kopfbedeckung, auf den zweiten ein Gesicht, auf den dritten einen Bauch, auf den vierten Beine und auf den fünften Schuhe.

So kannst du allerlei Kombinationen verschiedener Gesichter mit verschiedenen Kleidungsstücken machen. Denk aber daran, dass die Zeichnungen auf den Grenzen der Streifen auf jeder Seite genau gleich sein müssen, sodass jeder Kopf tatsächlich genau auf jeden Bauch passt, wenn du blätterst!

Auf derselben Idee basiert das Spiel *The Endless Landscape*. Es ist eine kleine Schachtel mit 24 Karten, auf denen Landschaftsstücke zu sehen sind. Das Schöne ist, dass alle Karten aneinanderpassen, sodass jede Reihe von 24 Karten eine zusammenhängende Landschaft ergibt.

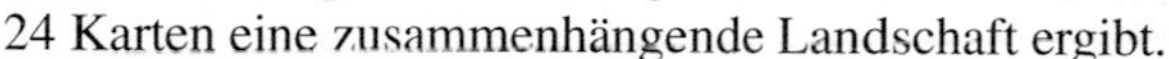

Lose ziehen

Jedes Jahr so irgendwann im November ist es wieder soweit: Es müssen Lose gezogen werden, denn der *Pakjesavond* (das ist der Nikolaustag, an dem wir in den Niederlanden traditionell unsere Geschenke austauschen) rückt immer näher. Wie beim Wichteln zieht dabei jeder genau eine Person, die er beschenkt. Ich wohne ein ganzes Stück von meinen Eltern entfernt. Es ist schon schwierig, alle am Pakjesavond zusammenzubekommen, geschweige denn, dass es uns gelingt, auch noch einmal vorher zusammenzukommen, um Lose zu ziehen.

Nun gibt es naheliegende Lösungen, wie Lose im Internet ziehen, aber dabei geht die Romantik doch etwas verloren. So ein Los muss ein Papierschnipsel sein, der einen Monat lang in deiner Hosentasche oder deinem Portemonnaie herumfliegt und nicht eine E-Mail in deinem Posteingang.

Meine Mutter schickt die Lose mit der Post herum und es gelingt ihr, jedem ein Los zu schicken, auf dem sicher nicht sein eigener Name steht. Außerdem weiß sie lediglich von sich selbst, wen sie gezogen hat, und von niemand anderem, und es bedarf keiner Hilfe von außen. Wie macht sie das?

Wir werden am 6. Dezember zu sechst Sinterklaas feiern. Meine Mutter nimmt sechs identische Umschläge und schreibt auf die Vorderseite jedes Umschlags genau einen Namen. Danach schreibt sie jeden Namen auch auf ein Blatt Papier. Sie steckt jeden Brief (zusammengefaltet) in den Umschlag mit demselben Namen wie auf dem Blatt Papier, aber sie klebt die Umschläge noch nicht zu.

Sie legt alle Umschläge umgekehrt auf einen Stapel, sodass sie die Namen nicht mehr sehen kann, und mischt ihn gut durch. Danach legt sie die Umschläge (noch immer umgedreht) in einem Kreis auf den Tisch. Sie nimmt die Briefbögen aus den Umschlägen (ohne zu schauen, wer darauf steht!) und schiebt alle Bögen einen Umschlag weiter. Dann tut sie jeden Briefbogen in den Umschlag, bei dem er nun liegt. Jetzt hat sich sicher niemand selbst gezogen und meine Mutter weiß auch nichts.

Sie kann die Blätter anstelle von einem einzigen Umschlag auch zwei, drei, vier oder fünf Umschläge weiterschieben. Geht das dann noch immer gut? Merk dir, dass meine Mutter weiß, wie weit sie alles weitergeschoben hat.

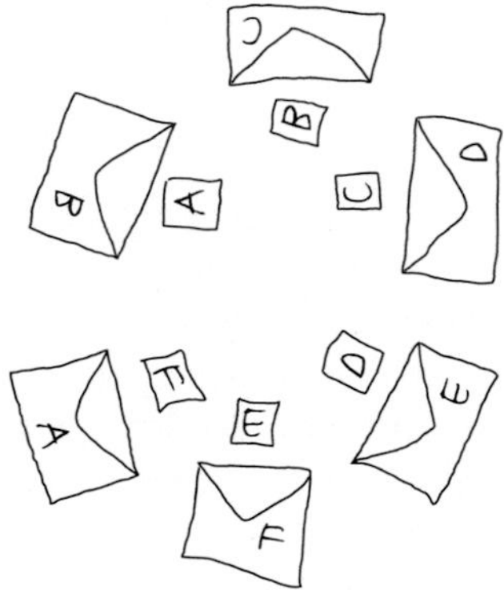

Nimm an, dass die Umschläge in dem Kreis in der Reihenfolge A, B, C, D, E, F lagen und dass sie alle Briefe einen einzigen Umschlag nach rechts weiterschiebt. Dann entsteht ein Kreis der Länge sechs (F hat E, E hat D und so weiter). Auch wenn sie alles fünf Umschläge weiterschiebt, entsteht ein Kreis von sechs. Das weiß meine Mutter, aber das gibt ihr keine Informationen darüber, wer wen gezogen hat.

Wenn sie alles zwei oder vier Umschläge weiterschiebt, entstehen zwei Kreise der Länge drei. Wenn alles drei Umschläge weitergeschoben wird, dann haben alle Kreise die Länge zwei: A und D haben einander, B und E auch und C und F auch.

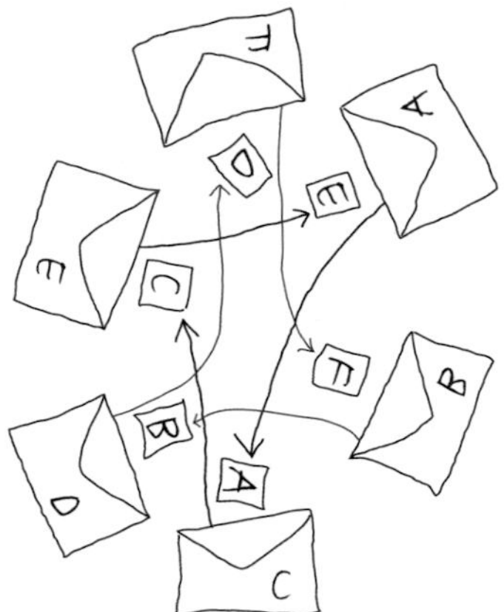

Kurzum: Meine Mutter weiß, welche Kreise entstehen. Wenn alles einen, zwei, vier oder fünf Umschläge weitergeschoben wird, ist das kein Problem. Aber wenn sie alles drei Umschläge verschiebt, schon. Dann weiß sie nämlich, dass die Person, die sie gezogen hat, auch ihr Los gezogen hat! Das darf nicht sein.

Egal, zu wievielt ihr seid (vorausgesetzt mehr als drei): Alle Briefe einen einzigen Umschlag weiterzuschieben, funktioniert immer. Eine Empfehlung für alle Familien mit weit entfernt wohnenden Kindern!

Jeanine

Buchtipp Vom Einmaleins zum Integral

Dieses Buch ist ein Klassiker der verständlichen Einführungen in die höhere Mathematik. Es erschien erstmalig 1934 (!) und wurde danach von verschiedenen Verlagen immer wieder neu aufgelegt. Heute sind Buch und Autor zu Unrecht ein wenig in Vergessenheit geraten. In *Vom Einmaleins zum Integral* beginnt Egmont Colerus bei verschiedenen Zahlensystemen und einfachen Grundprinzipien der Kombinatorik und endet schließlich bei der Integral- und Differenzialrechnung. Er erklärt dabei alles so anschaulich, dass sich das Buch hervorragend zum Selbststudium eignet. Leider ist es derzeit nur antiquarisch oder in Büchereien zu erhalten – wenn du es irgendwo entdeckst, dann greif zu!

Egmont Colerus, **Vom Einmaleins zum Integral. Mathematik für jedermann.** Wien: Paul Zsolnay, 1934.

Spielen, um zu gewinnen

Wer ein Spiel spielt, will gerne gewinnen. Mathematiker haben eine Menge Spiele studiert, um optimale Strategien zu finden.

Bei vielen Spielen kann man natürlich zuvor nicht mit Sicherheit sagen, wer gewinnen wird, selbst dann nicht, wenn man annimmt, dass alle Spieler bestmöglich spielen. Beim Poker zum Beispiel gibt es immer ein Zufallselement. Man kann ausrechnen, dass die Wahrscheinlichkeit für ein Paar Asse etwas größer ist als die Wahrscheinlichkeit für einen Royal Flush, aber die Garantie, dass einer der Spieler mit einer bestimmten Strategie sicher gewinnen wird, gibt es nicht. Dasselbe gilt für *Die Siedler von Catan* und *Carcasonne*.

Andere Spiele wie Schach oder Tic Tac Toe haben kein Zufallselement. Bei diesen Spielen ist man nicht von zufällig gezogenen Karten oder einem Würfelwurf abhängig. Für Spiele ohne Zufallselement gibt es manchmal eine Gewinnstrategie für einen der Spieler (wie bei dem Black-path-Spiel von Seite 68). Das heißt, dass ein Spieler immer gewinnen kann, wenn er diese Strategie anwendet – egal, was sein Gegenspieler auch tut.

Ein Beispiel für ein Spiel mit einer Gewinnstrategie ist das folgende Streichholzspiel für zwei Spieler, eine einfache Variante des Nim-Spiels. Es liegen 21 Streichhölzer auf dem Tisch. Reihum nehmen die Spieler eins, zwei oder drei davon weg. Wer das letzte Streichholz nehmen muss, verliert. Was ist das Beste, das man machen kann? Und macht es einen Unterschied, wer beginnt?

Die Tatsache, dass Alice dich beginnen lässt, sollte bei dir schon die Alarmglocken läuten lassen: Es gibt in diesem Spiel eine Gewinnstrategie für den zweiten Spieler. Was Alice als zweiter Spieler tut, ist nämlich das Folgende: Wenn du ein Streichholz nimmst, nimmt Alice drei. Wenn du zwei nimmst, nimmt Alice auch zwei. Und wenn du drei nimmst, nimmt Alice eins. Insgesamt verschwinden also jedes Mal vier Streichhölzer pro Spielrunde. Nach fünf Runden sind also 20 Streichhölzer weg und es ist immer noch eins übrig!

Nimm an, dass du dieses Spiel gegen Alice spielst. Aus Höflichkeit lässt Alice dich anfangen und du nimmst zwei Streichhölzer weg. Dann nimmt Alice auch zwei. Danach nimmst du eins und Alice nimmt drei. So geht es ein paar Runden weiter, bis schließlich nach Alices fünfter Runde nur noch ein Streichholz auf dem Tisch liegt, wodurch du verlierst. Wie konnte das nur passieren?

Für Schach hat man so eine Gewinnstrategie noch nicht gefunden, das ist furchtbar kompliziert. Spiele ohne Zufallselement haben übrigens nicht immer eine Gewinnstrategie. Tic Tac Toe zum Beispiel endet immer in einem Remis, wenn beide Spieler optimal klug spielen.

Natürlich macht eine Gewinnstrategie so ein Spiel gleich etwas weniger schön: Du weißt vorher schon genau, was passieren und wer gewinnen wird, und dann ist der Spaß schnell vorbei. Aber wenn deine Freunde oder Familienmitglieder dieses Buch nicht gelesen haben, kannst du sie noch mit dem Streichholzspiel überraschen.

Edsger Dijkstra und sein Kürzester-Pfad-Algorithmus

Eine der klügsten Ideen aus den Niederlanden kommt von dem im Jahr 2002 verstorbenen Edsger Dijkstra. Er war einer der ersten Computerprogrammierer der Niederlande. Als Dijkstra 1957 heiratete, wurde der Beruf des Programmierers vom Standesamt noch nicht anerkannt, also gab er einfach an, „theoretischer Physiker" zu sein.

Sein bekanntestes Ergebnis ist der Kürzeste-Pfad-Algorithmus, der die kürzeste Verbindung zwischen zwei Punkten in einem Graphen findet. Ein Graph besteht aus einigen Punkten (oft Knoten genannt) und Linien dazwischen (diese heißen auch Kanten). Ein Graph ist eine schematische Art, Informationen wiederzugeben: Die Knoten können beispielsweise Städte sein und die Linien die direkten Wege zwischen diesen Städten. In einem gewichteten Graphen hat jede Linie einen Wert. So ein Wert gibt zum Beispiel den Abstand zwischen zwei Punkten an.

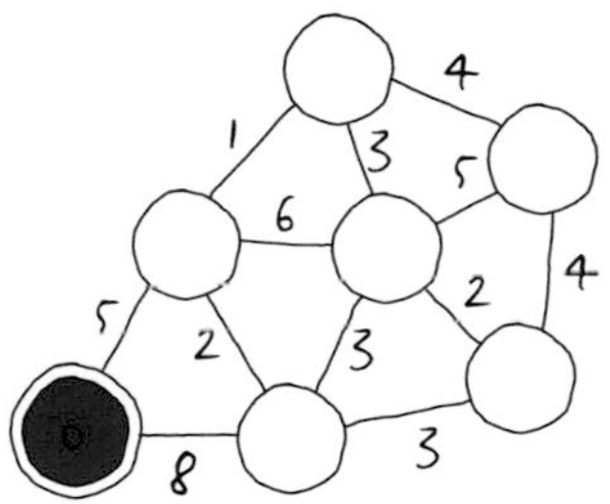

Der Dijkstra-Algorithmus sucht in einem gewichteten Graphen die kürzeste Strecke zwischen zwei Punkten (das ist zum Beispiel die schnellste Verbindung zwischen zwei Städten). Das Schlaue an diesem Algorithmus ist, dass er nicht alle möglichen Strecken miteinander vergleicht, sondern den kürzest möglichen Abstand Schritt für Schritt aufbaut. Bei der ersten Etappe schaut man nach allen Punkten, die ab dem Startpunkt in einem einzigen Schritt zu erreichen sind, und markiert all die Punkte mit ihrem Abstand bis zum Startpunkt. Danach schaut man immer von dem Punkt, der in dem Augenblick den kürzesten Abstand zum Start hat, nach allen Punkten, die man ab dort mit einem zusätzlichen Schritt erreichen kann. Wenn man einen Nachbarpunkt über eine neue Verbindung schneller erreichen kann, schreibt man den neuen, kürzeren Abstand zu dem Startpunkt an so einen Punkt. So geht man immer ein Stückchen weiter, bis man alle Punkte durchhat.

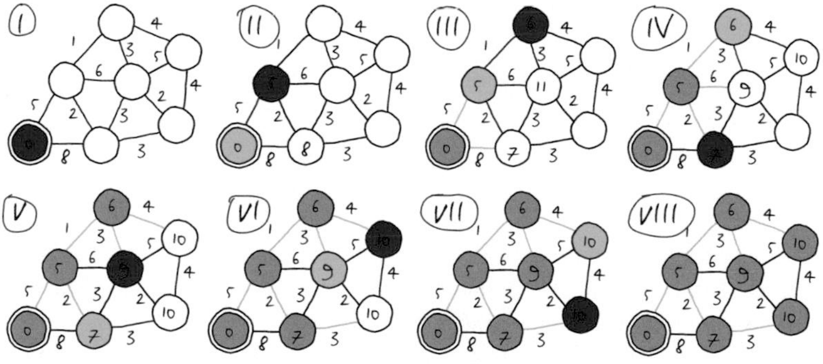

Wenn du den Algorithmus mal gerade auf einer Serviette ausprobierst, dann ist es so einfach, dass du dich fragst, warum du da nicht selbst drauf gekommen bist.

Dijkstra überlegte sich den Kürzesten-Pfad-Algorithmus ohne Stift oder Papier auf einer sonnigen Terrasse, während er mit seiner Verlobten eine Tasse Kaffee trank. Er dachte sich den Algorithmus eigentlich nur aus, um zu demonstrieren, was der damalige brandneue ARMAC-Computer berechnen konnte. Dijkstra fand es später etwas verrückt, dass er durch etwas, dass er sich in zwanzig Minuten überlegt hatte, so berühmt geworden ist.

Der Dijkstra-Algorithmus ist (mit ein paar kleineren Anpassungen) noch immer der schnellste seiner Art. In Telefonnetzwerken, in Navigationssystemen und im Internet wird der Algorithmus vielfach gebraucht, um kürzeste Strecken zu finden.

Menschen kennen

Auf Feiern kannst du Menschen begegnen, die du schon kennst, und Menschen, die du noch nie zuvor gesehen hast. Sogar dafür gibt es mathematische Sätze, die man beweisen kann. Zum Beispiel diesen: Auf einer Feier, auf der sechs Leute sind, gibt es immer entweder drei, die sich gegenseitig alle kennen, oder drei, die sich alle nicht kennen.

Der Beweis ist sehr schön und basiert auf einer einfachen Idee. Zeichne die sechs Menschen auf einer Feier als Punkte auf ein Papier und zeichne alle Verbindungen wie folgt:

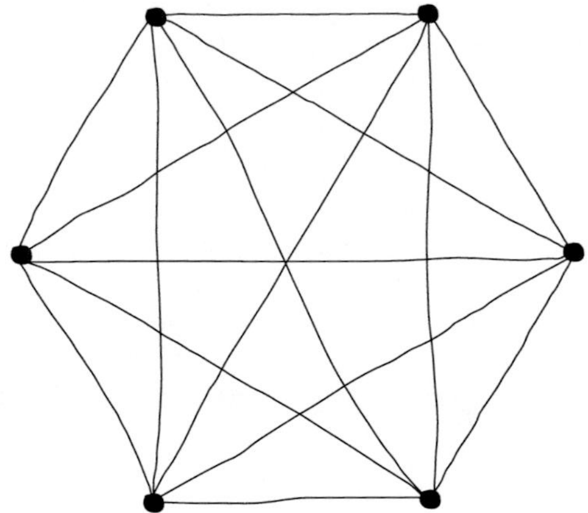

Jetzt werden wir Linien in diesem Bild färben. Wenn sich zwei Menschen kennen, malen wir die Linie, die sie miteinander verbindet, grün, wenn zwei Menschen sich nicht kennen, malen wir die dazugehörige Linie pink.

Um den Satz zu beweisen, müssen wir also zeigen, dass immer entweder ein pinkes Dreieck oder ein grünes Dreieck entsteht. Denn ein pinkes Dreieck stimmt mit drei Menschen überein, die sich alle nicht gegenseitig kennen, und ein grünes Dreieck mit drei Menschen, die sich gegenseitig alle sehr wohl kennen.

Wähle eine zufällige Person X aus diesen sechs Festbesuchern und schau nach den fünf Linien, die von dieser Person weggehen. Jetzt können wir etwas Wichtiges feststellen: Von diesen fünf Linien gibt es immer drei derselben Farbe! Wir wissen vorher nicht, welche Linien, und wir wissen auch nicht, welche Farbe, aber es müssen immer entweder mindestens drei grüne oder mindestens drei pinke Linien sein, die von der Person X abgehen.

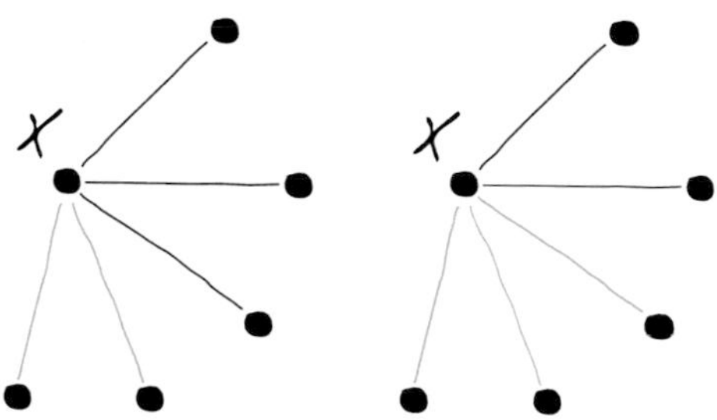

Zwei mögliche Situationen. Es gibt noch mehr Möglichkeiten: vier pinke Linien und eine grüne, zum Beispiel, dann gibt es auch mindestens drei pinke Linien.

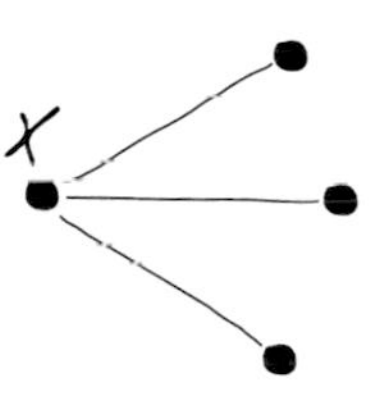

Jetzt schauen wir nur noch nach diesen drei Linien, die also dieselbe Farbe haben. Nehmen wir der Einfachheit halber mal an, dass die Linien alle drei pink sind. (Wenn sie grün sind, verläuft das Argument genauso.)

Diese drei Linien verbinden Person X mit drei anderen Menschen. Person X kennt diese Menschen alle nicht, denn die Linien sind pink. Aber kennen sich diese Leute untereinander? Wenn sich zwei der drei Personen nicht kennen, dann formen diese zwei zusammen mit Person X ein pinkes Dreieck.

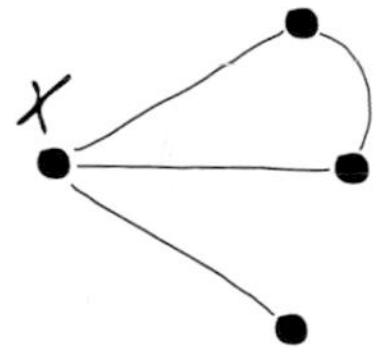

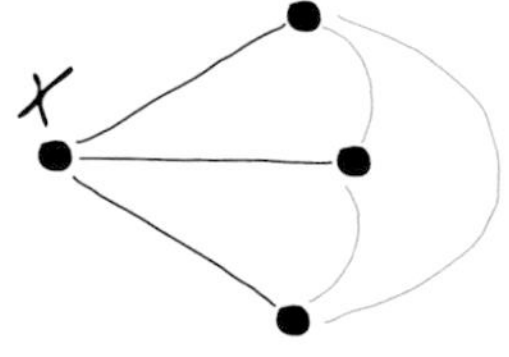

Und wenn das nicht der Fall ist, sich also alle drei sehr wohl kennen, dann formen diese drei Menschen zusammen ein grünes Dreieck.

Also haben wir in beiden Fällen ein ganz grünes oder ein ganz pinkes Dreieck gefunden. Und damit ist der Satz bewiesen!

Reisetipp Rätselspaziergang in Nimwegen

Dieser Rätselspaziergang durch Nimwegen ist sechs Kilometer lang und dauert den Entwicklern zufolge ungefähr fünf Stunden (wir vermuten, dass du einen ordentlichen Teil der Zeit schon rätselnd auf Terrassen oder in Cafés verbringst). In dem Führer stehen allerlei Informationen über die Geschichte von Nimwegen und über die Gebäude, die du siehst. Und es stehen natürlich eine Menge Rätselfragen darin.

Du machst einen schönen Spaziergang durch Nimwegen und die Rätsel sind interessant. Es ist schön, ab und zu in der Stadt irgendwo stehenzubleiben und nachzudenken. Aber was vor allem schön ist: Du blickst dich einmal auf eine ganz andere Weise um! Bei einem normalen Stadtbummel werden vor allem historische Fakten hervorgehoben, aber bei diesem Spaziergang schauten wir ganz selbstverständlich viel mehr nach Formen und Verhältnissen. Kurzum: auch für Nicht-Mathematiker eine Empfehlung.

Leon van den Broek und Lambert Kemerink: Puzzelwandeling Nijmegen. Erhältlich beim VVV (Touristeninformation) in Nimwegen und einigen dortigen Buchhändlern oder zu bestellen auf www.math.ru.nl/puzzelwandeling/

Reisetipp Mathematikspaziergang in Gent

Zwei Schüler des Instituut van Gent entwickelten diesen Mathematikspaziergang, mit dem man die Stadt Gent entdecken kann. Die Ankündigungen sind vielversprechend: „Mithilfe des Buchs kannst du einen Mathematikspaziergang machen, der dir Gent und seine Facetten auf eine andere Weise zeigt. Wir setzen nämlich die Brille eines Mathematikers auf und schauen so auf einen Gegenstand oder ein Gebäude, wie er es tut. Aber pass auf! Du musst absolut kein Talent für Mathematik haben oder ein Mathefreak sein, um mitzumachen!" (Leider ist dieser Spaziergang nicht auf Deutsch erhältlich.)

Wiskundewandeling in Gent: gratis herunterzuladen auf http://ivgwiskundewandeling.webklik.nl.

Sternschnuppen: Frank P. Ramsey

Der Satz über die sechs Menschen auf einer Feier (Seite 124) ist ein einfacher Fall einer Theorie, die Ramsey-Theorie genannt wird. Sie wurde basierend auf einem Satz in einem Artikel aus dem Jahre 1930 von Frank P. Ramsey (1903-1930) entwickelt.

Es ist auffällig, dass eine sehr mathematische Theorie nach Ramsey benannt ist, denn er bewies diesen einen Satz eigentlich als Zwischenergebnis: Er brauchte ihn, um etwas über Logik zu beweisen. Die acht Seiten, die Ramsey für das Beweisen seines Satzes benötigte, waren genug, um Mathematiker zu motivieren, einen kompletten Zweig der Kombinatorik zu entwickeln.

Ramsey war eine bemerkenswerte Person. Er kam aus einer prominenten Familie in Cambridge. Sein Vater war Mathematiker und sein Bruder Michael wurde später Erzbischof von Canterbury. Obwohl Frank Ramsey ein überzeugter Atheist und nicht glücklich über die Berufswahl seines Bruders war, blieben sie doch gut befreundet.

Ramsey studierte Mathematik am Trinity College (auch in Cambridge) und traf schon früh, auch über seine Familienmitglieder, einige große Denker, die damals dort umherliefen: Bertrand Russel, Ludwig Wittgenstein und John Keynes.

Ramsey schloss das Studium als Jahrgangsbester ab. Obwohl er in Cambridge als Hochschuldozent für Mathematik angestellt wurde, befasste er sich mit allerlei Fächern. Unter Einfluss des Werks von Russel und Wittgenstein schrieb er Artikel auf dem Gebiet der Philosophie und der Logik. Außerdem publizierte er wichtige Artikel über Ökonomie. Es dauerte oft Jahrzehnte, ehe Ramseys Artikel von anderen aufgegriffen wurden. Das kam wahrscheinlich vor allem dadurch, dass seine Arbeiten sehr originell waren, aber vielleicht auch durch seinen klaren Stil: Weil es nicht so schwer aussah, konnte es leicht unterschätzt werden.

Ramsey war eine auffällige Figur in Cambridge: Er war groß und schien ungeschickt, aber spielte gut Tennis. Er arbeitete nur vier Stunden am Tag, aber war doch enorm produktiv. Den Rest der Zeit ging er spazieren oder hörte Musik. Ramsey war mit Lettice Baker verheiratet und hatte zwei Töchter.

Seine erfolgsversprechende Karriere dauerte leider nicht lang. Ramsey litt an einer chronischen Leberkrankheit. 1930, als er gerade 26 Jahre alt war, erkrankte er während einer Bauchoperation an Gelbsucht und verstarb kurz darauf.

Ramsey-Theorie

Der Satz von Ramsey handelt vom Einfärben eines vollständigen Graphen. Ein vollständiger Graph ist ein Graph, bei dem alle Knoten miteinander verbunden sind. Der Graph, dem du vorher begegnet bist (auf Seite 124, über die sechs Menschen auf einer Feier), ist also ein vollständiger Graph auf sechs Knoten.

Der Satz von Ramsey besagt: Wenn man die Linien in einem vollständigen Graphen einfärbt, dann findet man in diesem Graphen immer vollständige Teilgraphen, die ganz dieselbe Farbe haben (unter der Bedingung, dass der Graph groß genug ist). Ein vollständiger Teilgraph ist der vollständige Graph, den man erhält, indem man nur einen Teil der Knoten und Kanten betrachtet. Bei den sechs Personen auf der Feier war das der vollständige Graph auf drei Knoten (das pinke oder grüne Dreieck). Der vollständige Graph auf drei Knoten ist nämlich ein Dreieck: Man kann

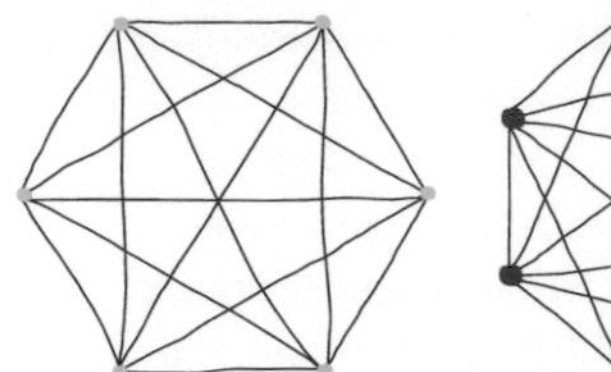
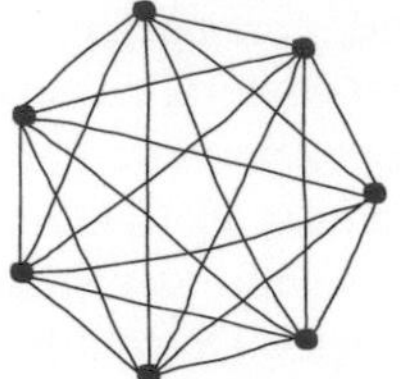

Der vollständige Graph auf sechs und sieben Knoten.

drei Knoten nicht noch weiter miteinander verbinden (wenn keine doppelten Kanten erlaubt sind).

Nimm nun an, dass du nur zwei Farben benutzt, sagen wir Pink und Grün, und dass du lediglich an Teilgraphen auf r Knoten interessiert bist, wobei r eine bestimmte positive ganze Zahl ist. In diesem Fall sagt der Satz von Ramsey, dass es eine kleinste Zahl R gibt, sodass es für jede Färbung des vollständigen Graphen auf R Knoten entweder einen vollständigen Teilgraphen auf r Knoten gibt, der ganz pink ist, oder einen vollständigen Teilgraphen auf r Knoten, der ganz grün ist. (Das große R steht also für die Anzahl der Knoten in dem großen Graphen, das kleine r für die Anzahl der Knoten in dem Teilgraphen.)

In dem Beispiel der Feier hatten wir den vollständigen Graphen auf sechs Knoten und dieser enthielt immer ein Dreieck in nur einer Farbe. Gilt das auch in dem vollständigen Graphen auf fünf Knoten? Die Antwort ist Nein, wie du in dem folgenden Bild sehen kannst.

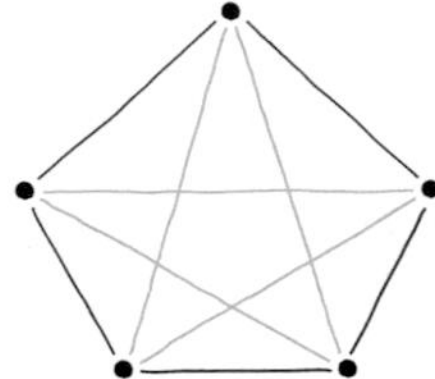

Das ist ein gefärbter vollständiger Graph auf fünf Knoten ohne ein Dreieck in nur einer Farbe.

Mit anderen Worten: Wenn $r = 3$ (wir schauen also nach grünen *Drei*ecken und nach pinken *Drei*ecken), dann ist die Zahl R aus dem Satz gleich 6.

Es ist auffällig, dass diese Art Fragen auch für sehr kleine Zahlen sehr schwierig zu sein scheint. So wissen wir beispielsweise noch nicht, wie groß der vollständige Graph sein muss, um sicher zu wissen, dass es immer einen komplett pinken oder komplett grünen vollständigen Teilgraphen auf fünf Knoten gibt! Für $r = 5$ hat man die Zahl R also noch nicht bestimmt. Wir wissen, dass so ein Graph zwischen 43 und 49 Knoten haben muss, also liegt R zwischen 43 und 49, aber es ist noch nicht bewiesen, was die minimale Anzahl an Knoten ist.

Rätsel Landkarte einfärben

Benutze vier verschiedene Buntstifte, um die Landkarte so einzufärben, dass je zwei aneinandergrenzende Länder verschiedene Farben haben. Gelingt das? (Die Antwort steht am Ende dieses Buches.)

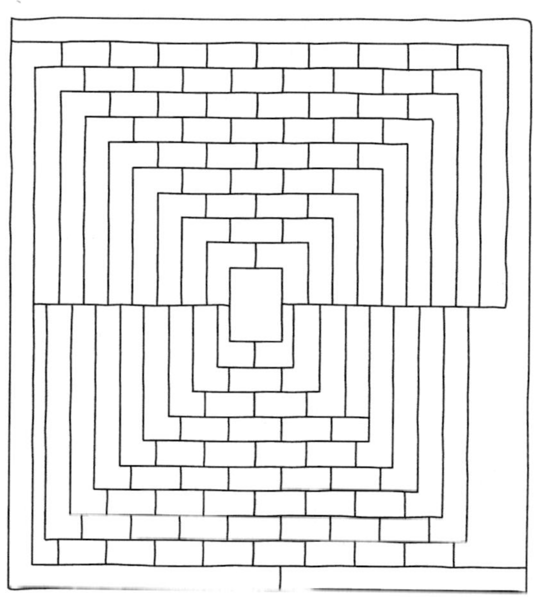

Kapitel 8
Jetzt lüge ich: Paradoxien und Beweise

Wir schließen dieses Buch mit zwei Themen ab, die uns sehr am Herzen liegen: Paradoxien und Beweise. Eine der ältesten Paradoxien ist das Lügner-Paradoxon: „Ich lüge jetzt." Wenn ich also die Wahrheit sage, dann lüge ich, und andersherum. Herrlich. Aber... darüber werden wir nicht weiter sprechen. Worüber dann?

Wir beginnen mit zwei Paradoxien, die große Folgen auf das tägliche Leben haben: Simpsons Paradoxon über Ergebnisse, die sich umdrehen, wenn man sie verkehrt kombiniert, und das Wahlparadoxon, das zeigt, dass es nicht so einfach ist, ehrliche Wahlen zu organisieren.

Dem Banach-Tarski Paradoxon zufolge kann man eine Apfelsine in fünf Stücke schneiden und aus diesen fünf Stücken zwei Apfelsinen machen, von denen jede so groß ist wie die erste. Ein wahnsinniges Ergebnis, aber schon ordentlich bewiesen. Etwas weniger schwer zu glauben sind die Bildbeweise in diesem Kapitel. Sie zeigen, dass Mathematik prima ohne Worte funktioniert.

Weiter beweisen wir, dass es immer vier Amsterdamer gibt, die genau gleich viele Haare auf ihrem Kopf haben, und wir zeigen, wie das Beweisen manchmal schiefläuft. In der Rubrik „Sternschnuppen" steht Évariste Galois im Mittelpunkt. An diesen Mathematiker erinnert man sich nicht nur wegen seiner Beweise, sondern auch wegen seines mysteriösen Todes während eines Duells.

Daneben gibt es zwei Rätsel (mit dem Beweis für die Lösung am Ende dieses Buches) und ein „Do-it-yourself" mit einer paradox geschälten Orange. Und wir schließen das Kapitel mit einem noch unbewiesenen Problem ab: der täuschend einfach klingenden Goldbach'schen Vermutung.

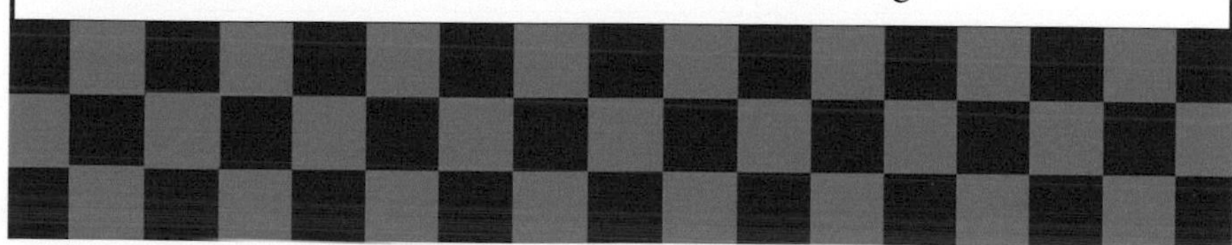

J. Daems, I. Smeets, *Mit den Mathemädels durch die Welt*,
DOI 10.1007/978-3-662-48099-1_8

Paradoxon-Feste

Stephen Fry nörgelte vor ein paar Jahren in einem Interview, dass die Jugend von heute nicht mehr weiß, wie sie ein Fest geben muss. Früher, als die Männer noch Hüte trugen, organisierten exzentrische Intellektuelle Paradoxon-Feste. Die einzige Art, hineinzukommen, war, an der Tür ein schönes Paradoxon zu erzählen. Jemand, der ein bisschen Mathematik kann, würde mit dem Simpsons-Paradoxon ankommen. Dieses Paradoxon ist unter Statistikern sehr bekannt und (noch schöner) kommt in der Praxis sehr oft vor. Man kann es am besten anhand eines Beispiels erklären.

Diskriminierung! Diskriminierung?

1973 wurde die Universität von Kalifornien in Berkeley wegen Diskriminierung angeklagt. Von den Männern, die sich anmeldeten, wurden 56% abgewiesen und von den Frauen sogar 65%. Es war nicht so, dass es viel mehr Anmeldungen von Frauen gab: Insgesamt ging es um 4882 Männer und 4321 Frauen (um mal ganz genau zu sein). Der Unterschied in den Zulassungsquoten war so groß, dass Zufall ausgeschlossen schien: Frauen wurden bestimmt irgendwie benachteiligt.

	Männer	Frauen
Anmeldungen	8442	4321
Zulassungen	44%	35%

Die Anmeldungen für Berkeley 1973 (die größte Zulassungsrate ist pink gedruckt) – Teil 1.

Man schaute einmal genauer nach den Ziffern und es zeigte sich, dass die Anmeldungen pro Fakultät abgewickelt wurden. Die meisten Fakultäten ließen eine höhere Rate Frauen als Männer zu, schau zum Beispiel auf die Ziffern für die sechs größten Fakultäten in der folgenden Tabelle. Man sollte also denken, dass im Ganzen genommen Frauen mehr Chancen hatten, angenommen zu werden.

Fakultät	Männer		Frauen	
	Anmeldungen	Zulassungen	Anmeldungen	Zulassungen
A	825	62%	108	82%
B	560	63%	25	68%
C	325	37%	593	34%
D	417	33%	375	35%
E	191	28%	393	24%
F	272	6%	341	7%

Die Anmeldungen der sechs größten Fakultäten von Berkeley 1973 (die größten Zulassungsraten pro Fakultät sind in pink gedruckt) – Teil 2.

Die Erklärung war, dass Männer und Frauen sich nicht für dieselben Studienfächer einschrieben. Frauen meldeten sich massenweise für Studiengänge an, in denen relativ wenige Studenten zugelassen wurden. Bei Englisch kamen beispielsweise zwei auf drei Anmeldungen von Frauen, bei Maschinenbau nur zwei auf 100, während Englisch viele Anfragen abwies und Maschinenbau eben sehr wenig.

Das ist das Simpsons-Paradoxon: Wenn man die Gegebenheiten von zwei Gruppen auf eine unpraktische Weise kombiniert, dann scheinen sich die Resultate der Gruppen umzudrehen. Die Erscheinung kommt auch im Sport vor: Ein Baseballspieler kann beispielsweise in zwei aufeinanderfolgenden Jahren einen besseren Schlagdurchschnitt haben als sein Konkurrent, während der Konkurrent über diese zwei Jahre zusammen auf einmal einen höheren Durchschnitt hat.

	1995		1996		Kombiniert	
Derek Jeter	12 : 48	0,250	183 : 582	0,314	195 : 630	0,310
David Justice	104 : 411	0,253	45 : 140	0,321	149 : 551	0,270

Baseballspieler David Justice hatte sowohl 1995 als auch 1996 einen höheren Schlagdurchschnitt als sein Konkurrent Derek Jeter. Aber die zwei Jahre zusammengenommen, hatte Jeter den höheren Durchschnitt.

Viel gefährlicher ist, dass der Effekt auch in der Medizinforschung auftreten kann – vor allem, wenn sich die Testgruppen in der Größe unterscheiden. Auch eine zugrundeliegende gemeinsame Ursache kann für einen verzerrten Effekt sorgen. Babys mit einem niedrigen Geburtsgewicht und einer rauchenden Mutter haben eine niedrigere Sterbeziffer als Babys mit einem niedrigen Geburtsgewicht und einer nicht-rauchenden Mutter. Das kommt natürlich nicht dadurch, dass Rauchen gut für Babys ist, rauchende Mütter kriegen im Durchschnitt sowieso häufiger Kinder mit einem niedrigen Geburtsgewicht.

Als wir das erste Mal über dieses Paradoxon schrieben, erhielten wir eine Menge Briefe. Von Theaterdirektoren bis Gefängniswärtern: Allerlei Menschen waren diesem Paradoxon einmal bei der Berechnung eines Durchschnitts begegnet. Leider lud uns keiner der Briefschreiber auf ein altmodisches Paradoxon-Fest ein.

Die meisten Stimmen zählen: Das Wahlparadoxon

Demokratie scheint auf einer einfachen Idee zu basieren: Man lässt jeden abstimmen und danach weiß man, was das Volk will. Die Sache hat aber einen Haken: Es ist nicht so klar, wie man die einzelnen Stimmen kombinieren muss.

Der Ausflug eines Mathematikclubs

Neulich durfte unser Mathematikclub über den jährlichen Ausflug abstimmen. Jeder konnte aus den Optionen A, B oder C wählen. Option A war ein Workshop Fraktalplätzchen backen, B eine Schnitzeljagd und C ein Tag im Rechenschiebermuseum. Der Mathematikclub besteht aus drei Gruppen: 20 Mathemädels, 19 Nerds und 16 Professoren. Innerhalb jeder Gruppe waren sich die Mitglieder über ihren Lieblingsausflug einig. Alle Mädels wählten A vor B und B vor C. Die Nerds wollten am liebsten B, danach C und am wenigsten gerne A. Die Professoren hatten als Reihenfolge C, A, B. Welcher Ausflug war jetzt der beste?

Gruppe	Anzahl der Personen	Erste Wahl	Zweite Wahl	Dritte Wahl
Mathemädels	20	A	B	C
Nerds	19	B	C	A
Professoren	16	C	A	B

Ein Mathemädel schlug vor, einfach die meisten Stimmen gelten zu lassen. So gewann Ausflug A mit 20 Stimmen. „Haha“, protestierte einer der Professoren, „es gibt 35 Menschen, die lieber Option C als A haben, also scheint mir Option A nicht so gerecht.“ Ein Nerd brachte hervor, mit einem Punktesystem zu arbeiten: Jeder gab seiner ersten Wahl drei Punkte, der zweiten Wahl zwei Punkte und der dritten Wahl einen Punkt. Nach kurzem Rechnen schlussfolgerte er triumphierend, dass Option B gewonnen hatte. Wieder begann ein Professor zu meckern: „Das kann nicht stimmen, sowohl die Mathemädels als auch die Professoren haben lieber A als B. Um es wirklich ehrlich zu machen, sollten wir pro Fachgebiet stimmen.“ Und so mussten die Mathemädels und die Nerds schlussendlich murrend mit ins Rechenschiebermuseum.

Gruppe	Stochastik	Geometrie	Algebra
Mathemädels	6	8	6
Nerds	6	7	6
Professoren	7	2	7
stimmt für	C	A	C

Die Verteilung der Mathemädels, Nerds und Professoren über die drei Fachgebiete. Wenn pro Fachgebiet gestimmt wird, gewinnt Ausflug C sowohl bei Wahrscheinlichkeitsrechnen als auch bei Algebra, und jeder muss also ins Museum.

Mathematiker denken schon lange über Stimmsysteme nach. 1948, während des Kalten Kriegs, suchte der amerikanische Ökonom Kenneth Arrow ein gutes System, die individuellen Belange der Einwohner der Sowjetunion zu einem Staatsinteresse zusammenzurechnen (um so vorhersagen zu können, was die Sowjetunion machen würde).

Arrow formulierte drei vernünftig klingende Forderungen, die ein Stimmsystem erfüllen muss:

1. Wenn jeder Wähler lieber A als B hat, dann hat auch die Gruppe lieber A als B.
2. Wenn bei jedem Wähler die Vorliebe zwischen A und B gleich bleibt, dann bleibt die Vorliebe der Gruppe zwischen A und B gleich (auch, wenn zum Beispiel eine neue Option C hinzukommt).
3. Es darf keinen Diktator geben: Es gibt nicht eine einzige Person, die immer das Ergebnis bestimmt.

Aber was Arrow auch probierte, es gelang ihm nicht, sich ein Wahlsystem auszudenken, dass diesen augenscheinlich so selbstverständlichen Forderungen genügte. Nachdem er sich ein paar Tage abgemüht hatte, kam er auf die Idee, das Gegenteil zu beweisen: Wenn es mindestens zwei Menschen und mindestens drei Wahlmöglichkeiten gibt, dann gibt es kein Wahlsystem, dass alle genannten Forderungen erfüllt. Arrow promovierte mit dieser Arbeit und bekam 1971 den Wirtschaftsnobelpreis.

Dieses Wahlparadoxon bedeutet nicht, dass ehrliche Wahlen unmöglich sind, aber es zeigt sehr wohl, dass Wahlen kompliziert sind. Kein einziges Wahlsystem erfüllt Arrows Forderungen. Viele Diktaturen legen wenig Wert auf die dritte Forderung. Das niederländische Wahlsystem erfüllt die zweite Forderung nicht, denn wenn eine neue Partei hinzukommt, die vor allem ehemalige Wähler der *Volkspartij voor Vrijheid en Democratie* (VVD) anzieht, dann kann sich die Reihenfolge der *Partij van de Arbeid* (PvdA) und der VVD in einem Wahlergebnis umdrehen. Auch wenn sich bei allen individuellen Wählern die Vorliebe zwischen PvdA und VVD nicht verändert.

Rätsel Krach auf einer Insel

Auf einer abgelegenen Insel wohnt ein Stamm von 1000 Menschen: 100 mit blauen Augen und 900 mit braunen. Ihre Religion verbietet es den Bewohnern aber, ihre 

eigene Augenfarbe zu kennen, es ist sogar verboten, darüber zu sprechen. Jeder Bewohner kann also sehen, welche Augenfarbe die anderen haben, weiß aber seine eigene nicht (auf dieser merkwürdigen Insel ist auch keine einzige spiegelnde Oberfläche zu finden). Wenn jemand doch entdeckt, welche Farbe seine Augen haben, dann begeht diese Person am nächsten Tag um 12 Uhr mittags rituell Selbstmord auf dem Dorfplatz – in Anwesenheit der kompletten Bevölkerung.

Alle Inselbewohner sind sehr religiös und argumentieren vollkommen logisch (wenn sie aus den Fakten, die sie kennen, mit einer logischen Argumentation eine Schlussfolgerung ziehen können, dann tun sie das auch). Und die Bewohner wissen voneinander, dass sie fromm sind, und sie wissen auch, dass die anderen alle vollständig logisch argumentieren, und auch, dass die anderen das wissen, und so weiter.

Eines Tages kommt ein blauäugiger Besucher auf die Insel. Er gewinnt das Vertrauen der Bewohner und spricht am Abend auf dem Dorfplatz zum kompletten Stamm. Er weiß nichts von ihrer Religion und sagt in seiner Ansprache: „Wie lustig, dass auf dieser Insel auch Menschen mit blauen Augen wohnen."

Was passiert nach dieser etwas unglücklichen Ansprache des Besuchers? „Nichts" ist nicht die richtige Antwort!

(Die Lösung steht am Ende dieses Buches.)

Das Banach-Tarski-Paradoxon

Das Banach-Tarski-Paradoxon (benannt nach den polnischen Mathematikern Stefan Banach und Alfred Tarski, die es 1924 beschrieben) ist eines der merkwürdigsten Ergebnisse aus der Mathematik.

Dieses Paradoxon sagt, dass man eine massive Kugel in unseren bekannten drei Dimensionen so in fünf Stücke aufteilen kann, dass man aus diesen fünf Stücken zwei massive Kugeln machen kann, die je genauso groß sind wie die ursprüngliche Kugel. Die Stücke werden nicht verformt, wenn man sie aneinander setzt, sie werden lediglich verschoben und gedreht.

Das bedeutet also, dass man theoretisch eine Apfelsine in fünf Stücken schneiden kann und dass man danach aus diesen fünf Stücken zwei Apfelsinen machen kann. Das bietet ungeahnte Möglichkeiten in Zeiten von Lebensmittelknappheit und auf einmal ist auch klar, wie Jesus mit fünf Broten und zwei Fischen Tausenden Menschen zu essen geben konnte.

Leider ist es in der Praxis unmöglich, eine Kugel in fünf solche Stücke zu schneiden. Es sind nämlich ziemlich komische Stücke: Jedes Stück ist eine bizarre Sammlung von unendlich vielen unzusammenhängenden Punkten. Die Stücke sind sogar so seltsam, dass es unmöglich ist, ihr Volumen zu bestimmen. Und genau dadurch, dass die Stücke kein Volumen haben, kann man die Behauptung beweisen.

Das Banach-Tarski-Paradoxon heißt ein Paradoxon, weil das Ergebnis komplett gegen unsere Intuition geht: Man kann doch nicht zwei Apfelsinen aus einer einzigen machen? Aber das Banach-Tarski-Paradoxon ist ein ordentlich bewiesenes

Ergebnis, an dem man nicht rütteln kann. In dem Beweis muss man allein das Auswahlaxiom voraussetzen.

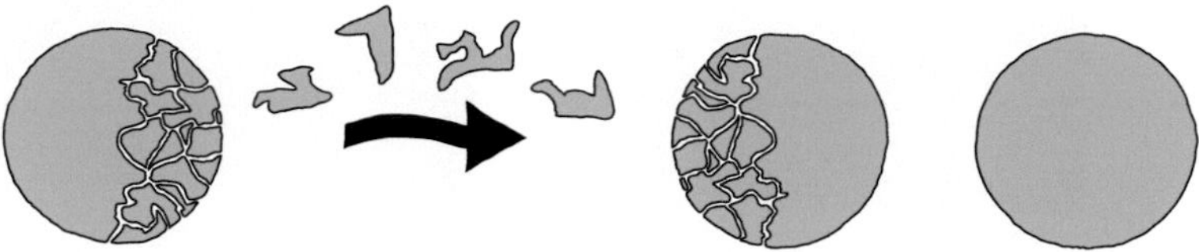

Dieses Auswahlaxiom sagt, dass man bei einer unendlichen Anzahl gegebener Ansammlungen immer aus jeder Sammlung genau ein Element wählen kann. Denk hierbei beispielsweise an Schubladen mit Socken. Auch wenn du unendlich viele Schubladen mit Socken hast, kannst du wirklich aus jeder Schublade einen einzigen Socken nehmen.

Das Auswahlaxiom ist nicht bewiesen, es ist etwas, das Mathematiker annehmen. Wenige Menschen haben damit Probleme. Das Auswahlaxiom klingt sehr glaubhaft. Aber das Verrückte ist: Sobald man dieses Axiom annimmt, kann man das sehr kontraintuitive Banach-Tarski-Paradoxon wasserdicht beweisen und somit – auf dem Papier – eine Apfelsine in zwei Apfelsinen verwandeln.

Do-it-yourself: Apfelsinen schälen

Im 19. Jahrhundert fand man in Rätselbüchern oft einen Mischmasch aus mathematischen Rätseln, Zaubertricks und naturwissenschaftlichen Experimenten. Der befreundete Zauberer Tilman Andris erhielt an seinem zwölften Geburtstag einen Nachdruck von so einem Buch als Geschenk: *Kolumbuseier* von Edi Lanners.

Das beeindruckendste Bild in dem Buch zeigte eine Apfelsine, die in zwei Hälften geschnitten war, wobei aber die Schalen der beiden Hälften noch immer durch viele Schlaufen miteinander verbunden waren!

Du brauchst:

- eine Apfelsine
- einen Kugelschreiber
- ein Messer

Und so geht es:

1. Nimm eine Apfelsine und zeichne acht Linien darauf: Vier auf die „nördliche“ und vier auf die „südliche“ Hälfte. Das eine Ende jeder Linie liegt mit ungefähr 1,5 cm Abstand von einem der „Pole“ der Apfelsine. Die Linien schneiden genau den „Äquator“ der Apfelsine.

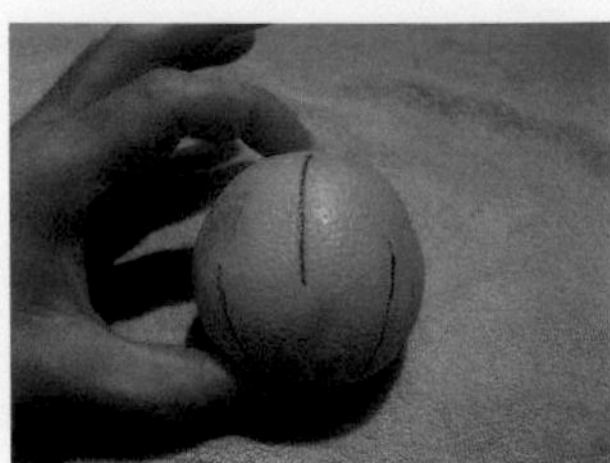

2. Füge danach links und rechts von jeder Linie noch eine Linie derselben Länge hinzu, parallel zu der Linie, die du vorher gezeichnet hast.

3. Jetzt verbindest du in der Nähe der Apfelsinenpole die Linien auf die Weise, die du hier abgebildet siehst.

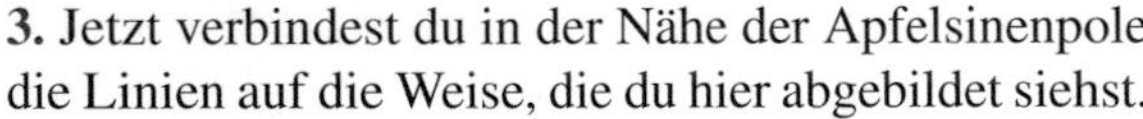

4. Hier siehst du nochmal den vorherigen Schritt aus einem anderen Winkel fotografiert. Jetzt wird es Zeit, das Messer zu nehmen. Sei vorsichtig!

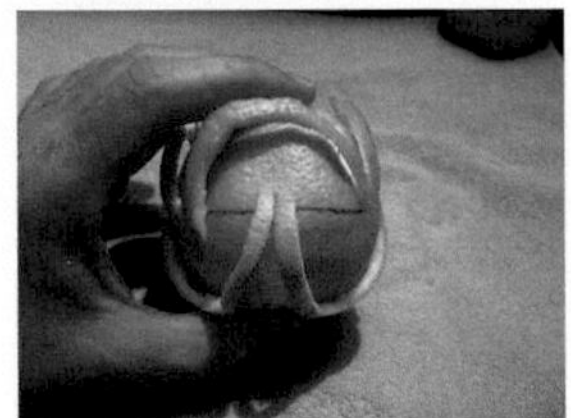

5. Schneide mit dem Messer entlang aller Linien, die du auf der Apfelsine gezeichnet hast. Schneide dabei nur durch die Schale und nicht durch das Fruchtfleisch. Auf diese Weise entstehen viele Riemchen, die du sehr vorsichtig von der Apfelsine abpellen kannst. Zeichne den Äquator auf die Apfelsine.

6. Schneide mit dem Messer entlang des Äquators, ohne die Riemchen zu beschädigen. Schneide tief und trenn dabei das Fruchtfleisch der Apfelsine in zwei Hälften. Zieh vorsichtig die zwei Hälften der Apfelsine auseinander. Das Ergebnis ist eine Apfelsine mit einer seltsamen topologischen Struktur.

7. Wenn das geklappt hat, hast du vielleicht Lust, mit mehr oder weniger Schlingen zu experimentieren. Auf diesem Foto siehst du, was entsteht, wenn du mit zwölf Linien beginnst anstelle von acht.

Bildbeweise

Wir mögen Bildbeweise: Bilder, die so deutlich die Idee des Beweises wiedergeben, dass kaum oder überhaupt keine Worte mehr nötig sind. Hier folgen ein paar schöne Beispiele.

Dominosteine

Ein Quadrat von 8×8 kann man exakt mit Dominosteinen, die zwei Felder lang sind, überdecken. Geht das noch immer, wenn das Feld in der linken oberen Ecke und das Feld in der rechten unteren Ecke verschwinden? Die Antwort ist Nein, und das Argument ist wie folgt.

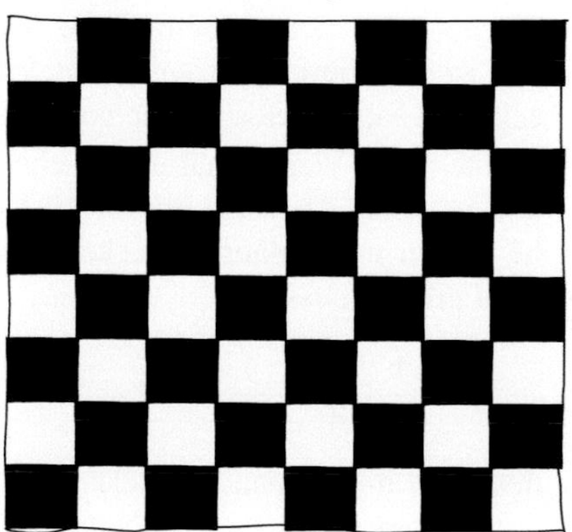

Stell dir ein Viereck von 8×8 wie ein Schachbrett vor. Wenn du einen Dominostein auf das Schachbrett legst, sodass er genau zwei Felder bedeckt, dann bedeckst du immer ein weißes und ein schwarzes Feld.

Weil das Schachbrett eine gerade Anzahl an Reihen und Spalten hat, haben die diagonal gegenüberliegenden Eckfelder immer dieselbe Farbe. In diesem Fall sind die verschwundenen Felder beide weiß, also sind jetzt mehr schwarze als weiße Felder übrig und es können nicht mehr gleich viele weiße wie schwarze Felder bedeckt werden.

Das konnte man noch leicht mit Worten erklären. Aber jetzt: Wenn du nicht zwei Felder derselben Farbe wegnimmst, sondern zufällig ein weißes und ein schwarzes Feld: Kann man das Brett dann immer noch mit Dominosteinen füllen? Die Antwort ist nicht so naheliegend, aber das folgende Bild zeigt, dass es wirklich geht. Dieser Beweis datiert aus dem Jahre 1973 und stammt von dem amerikanischen Mathematiker Ralph E. Gomory.

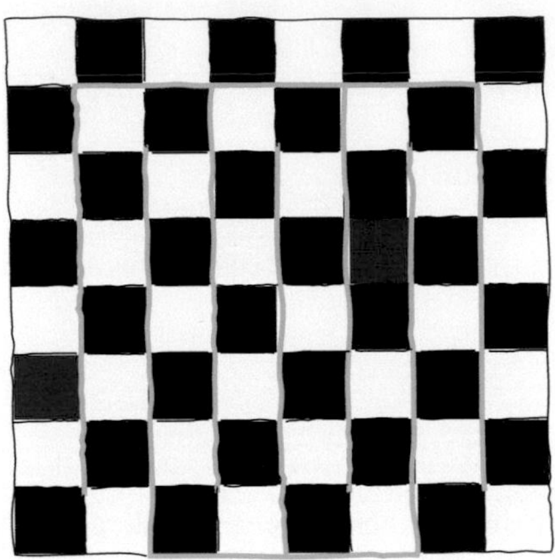

Wenn man ein weißes und ein schwarzes Feld wegnimmt (in diesem Bild die pinken Felder), kann man das Brett noch immer mit Dominosteinen füllen. Beginne bei einem Feld neben einem pinken Feld und lege die Dominosteine an die angegebenen Stellen.

Geometrische Reihen

Hierunter steht ein schönes Beispiel eines Bildbeweises für eine geometrische Reihe. Das Bild zeigt, dass $\frac{1}{4} + \frac{1}{4^2} + \frac{1}{4^3} + \ldots$ gleich $\frac{1}{3}$ ist.

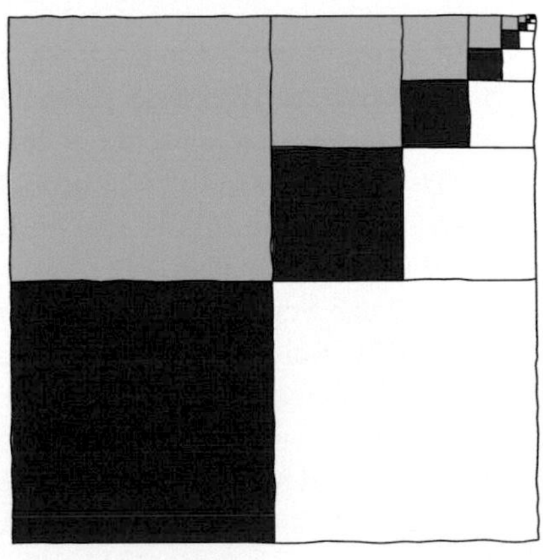

Nimm an, dass das große Viereck die Fläche 1 hat. Das größte pinke Viereck ist ein Viertel des gesamten Vierecks und hat also eine Fläche von $\frac{1}{4}$, das zweite pinke Viereck hat die Fläche $\frac{1}{16}$ und so weiter. Dasselbe gilt für die Reihe weißer und grüner Vierecke. Insgesamt gilt also, dass

$$3(\frac{1}{4} + \frac{1}{4^2} + \frac{1}{4^3} + \ldots) = 1,$$

denn die drei Typen Vierecke zusammen füllen das ganze Einheitsviereck aus.

Der Satz von Pythagoras

Der Satz von Pythagoras sagt, wie du sicherlich noch aus der weiterführenden Schule weißt, dass in einem rechtwinkligen Dreieck mit den Katheten a und b und einer Hypothenuse c gilt, dass $a^2 + b^2 = c^2$. Das folgende Bild beweist, dass es stimmt. Man fügt vier von diesen Dreiecken auf zwei verschiedene Weisen in ein Viereck mit Seite $a + b$ ein.

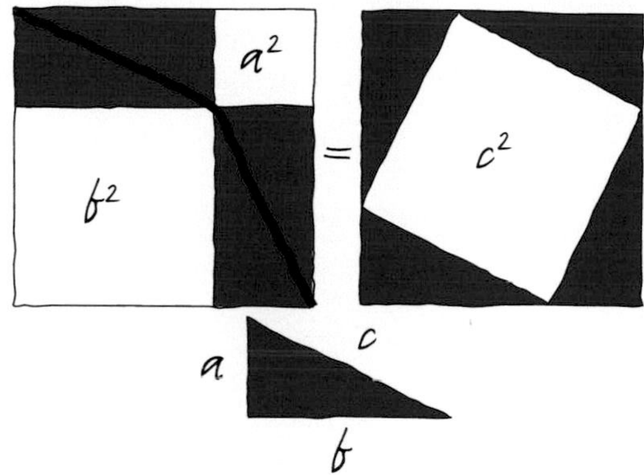

Sternschnuppen: Évariste Galois

Évariste Galois ist wahrscheinlich von allen bekannten Mathematikern derjenige, der als Jüngster verstarb. Er wurde 1811 geboren und starb mit 20 Jahren in einem Duell. Während seines kurzen Lebens hat er Ideen entwickelt, die erst Jahrzehnte später von anderen begriffen wurden und die danach vor allem in der Algebra von großem Einfluss waren.

Évariste Galois wurde am 25. Oktober 1811 in dem Dorf Bourg-La-Reine in der Nähe von Paris geboren. Seine Eltern waren gebildet. 1827 hatte Galois zum ersten Mal Mathematikunterricht und er wurde so enthusiastisch, dass er seine anderen Schulfächer vernachlässigte.

Galois hatte einen aufbrausenden Charakter und tat sich als Anti-Monarchist in der Politik hervor. Die politische Situation in Frankreich war in jener Zeit turbulent. Galois wurde 1830 sogar der Universität verwiesen. Das passierte, nachdem der Direktor der École Normale seine Studenten eingesperrt hatte, um sie davon abzuhalten, in der Julirevolution mitzukämpfen. Galois war darüber sehr böse und protestierte und so kam sein offizielles Mathemathikstudium zu einem Ende. Er wurde Mitglied der Artillerie der Nationalen Garde, eines republikanischen Teils der Bürgerwehr.

Im Mai 1832 forderte ihn ein gewisser Pescheux d'Herbinville zu einem Duell heraus. Der Grund hierfür ist nicht ganz klar, aber wahrscheinlich hatte es mit einer Frau, Stéphanie-Félicie Poterine du Motel, zu tun. Galois kannte den Ruf seines Gegners und fürchtete, das Duell nicht zu überleben. In der Nacht vor dem Duell schrieb er Abschiedsbriefe an seine Freunde. Außerdem erstellte er schnell ein Manuskript seiner mathematischen Entdeckungen und schickte dies an seinen Freund Auguste Chevalier mit der Bitte, es im Falle seines Todes an die größten Mathematiker von Europa weiterzuleiten. In dem Manuskript ist auf einigen Stellen der Name Stéphanie zu lesen und Sätze wie: „Dieses Beispiel ist noch nicht vollständig. Ich habe zu wenig Zeit.“

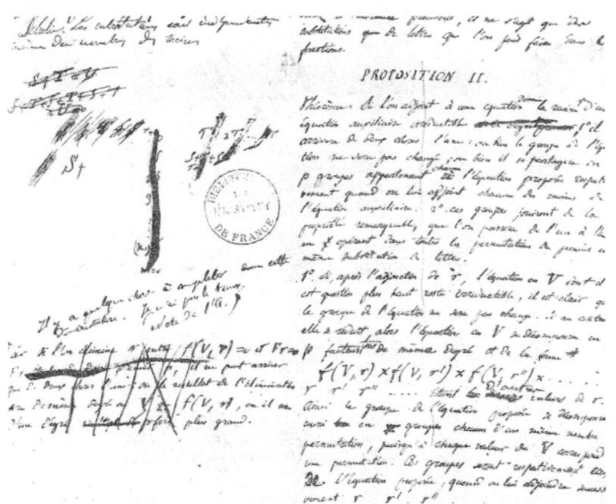
PROPOSITION II.

Das Manuskript, das Galois kurz vor seinem Tod schrieb.

Galois wurde während des Duells in den Bauch geschossen. Er lag am Boden und lebte noch, aber es war kein Arzt in der Nähe, und erst später am Tag wurde er in ein Krankenhaus gebracht. Dort starb er am folgenden Tag.

Galois' Begräbnis führte zu Krawallen. Obwohl einige seiner republikanischen Freunde vorsorglich von den Autoritäten festgenommen wurden und daher nicht anwesend sein konnten, waren die Besucher seines Begräbnisses davon überzeugt, dass Galois' Tod ein politischer Komplott zugrunde lag und dass Stéphanie ihn verführt hatte, um das Duell auszulösen.

Galois' Mathematik

Es dauerte lange, bis Galois' Arbeit verstanden und verbreitet wurde. Erst 1846 wurden seine Ideen von Joseph Liouville (1809-1882) publiziert, der viel Zeit darauf verwendet hatte, die Manuskripte zu durchdringen. In diesen Artikeln stand in Umrissen die Theorie, die jetzt als Galois-Theorie bekannt ist und die mit dem Lösen von Gleichungen zu tun hat.

Eine Gleichung zweiten Grades – wie $ax^2+bx+c=0$ – hat Lösungen, die man mit der p-q-Formel finden kann. Auch für Gleichungen dritten und vierten Grades gibt es solche Formeln. Für Gleichungen fünften Grades haben wir immer Lösungen, aber die Frage war: Gibt es auch so eine Formel, die lediglich Addieren, Subtrahieren, Multiplizieren, Dividieren und Wurzelziehen (nicht nur Quadratwurzeln, sondern auch die dritte oder noch höhere Wurzel) gebraucht, um diese Lösung zu finden? Die Antwort ist Nein, aber es dauerte lange, bevor das bewiesen wurde. 1824 gelang es dem norwegischen Mathematiker Abel schließlich nachzuweisen, dass es so eine Formel nicht gibt.

Galois beschäftigte sich auch mit diesen Problemen und er war der Erste, der verstand, dass die Nicht-Existenz einer solchen Fomel mit der Struktur einer bestimmten sogenannten „Permutationsgruppe" zusammenhängt. Den Lösungen einer Gleichung genügen bestimmte Relationen und manche Vertauschungen (Permutationen) der Lösungen bewahren diese Relationen. Diese Permutationen formen zusammen eine Gruppe, eine abstrakte mathematische Struktur. Das Konzept „Gruppe" war in der Zeit von Galois noch nicht ganz ausgearbeitet. Die Tapetenmuster von Seite 16 sind ein anderes Beispiel für Gruppen.

Galois hatte einen besonders guten Einblick in die Struktur jener Permutationsgruppen, die sich bei seinem Problem zeigten. Seine Ideen waren so neu und abstrakt, dass es nicht verwunderlich ist, dass es eben etwas dauerte, bis andere Mathematiker sie genau verstanden. Die Theorie, die er entwickelte, heißt heutzutage Galois-Theorie, und die Gruppen, die in diesem Kontext so eine wichtige Rolle spielen, heißen jetzt Galois-Gruppen. Zu einer Gleichung gehört eine spezielle Galois-Gruppe und an dieser kann man sehen, ob man die Gleichung mit ausschießich Addieren, Subtrahieren, Multiplizieren, Dividieren und Wurzelziehen lösen kann oder nicht.

Haare

Wie viele Haare hat ein Mensch eigentlich auf seinem Kopf? Eine kurze Suche im Internet liefert schnell eine Antwort. Es hängt ein bisschen von deiner Haarfarbe ab, aber durchschnittlich hat ein Mensch rund 100.000 Haare auf seinem Kopf. Rothaarige haben die wenigsten Haare, ungefähr 90.000, und blonde Menschen die meisten, ungefähr 150.000.

Das bedeutet, dass in einer Stadt wie Amsterdam, wo etwas mehr als 750.000 Menschen wohnen, in jedem Fall zwei Menschen wohnen, die genau gleichviele Haare auf ihrem Kopf haben! Sogar, wenn wir die vollständig glatzköpfigen Menschen, von denen es sicherlich mehr als einen gibt, mal außer Betracht lassen.

Das kann man mithilfe eines mathematischen Prinzips zeigen, das „Schubfachprinzip" heißt. Das Schubfachprinzip sagt das Folgende: Wenn man zehn Schubladen hat und man steckt elf Bälle in diese Schubladen, dann gibt es immer mindestens eine Lade, in der mehr als ein Ball ist, egal, wie man die Bälle über die Schubladen verteilt. Im Allgemeinen: Wenn man n Schubladen hat und man verteilt $n+1$ oder mehr Bälle auf die n Schubladen, dann gibt es mindestens eine Lade mit mehr als einem Ball. Das klingt ziemlich naheliegend und das ist es auch, aber dennoch ist es manchmal hilfreich, wenn man für die Schubladen und die Bälle realisistisch interptretiert.

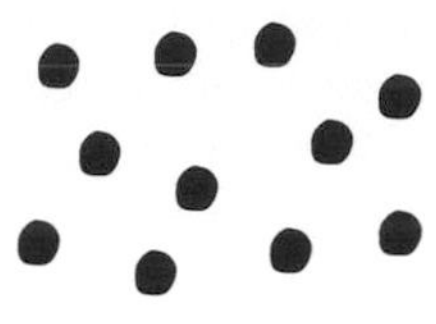

Nehmen wir an, dass man maximal 200.000 Haare auf dem Kopf hat, was ein bisschen hochgegriffen ist, aber das macht nichts. Also kann ein nicht vollständig kahler Mensch 1, 2, ..., 200.000 Haare haben. Jetzt betrachten wir die etwas mehr als 750.000 Bewohner Amsterdams: Davon sind mit ordentlichem Spielraum bestimmt 700.000 nicht vollständig kahl. Diese können wir über die mögliche Anzahl der Haare aufteilen: Jeder Bewohner wird mit der Anzahl Haare auf seinem Kopf verbunden. Beziehungsweise: Die Bewohner Amsterdams entsprechen den Bällen und die mögliche Anzahl der Haare, die ein Mensch haben kann, entsprechen den Schubladen.

Weil es mehr Bewohner als mögliche Haare gibt, folgt, dass es mindestens zwei Bewohner gibt, die genau gleichviele Haare auf ihrem Kopf haben. Und das Schöne ist: Wir müssen nie einen Amsterdamer gesehen haben, um diese Schlussfolgerung ziehen zu können: In diesem Fall gibt es übrigens so viel mehr Bälle als Schubladen, dass wir selbst schlussfolgern können, dass es mindestens vier Bewohner gibt, die gleichviele Haare auf ihrem Kopf haben: Wenn wir die 700.000 nicht-kahlen Amsterdamer in die 200.000 Schubladen stecken, muss es sogar mindestens eine Schublade mit mindestens vier Amsterdamern geben. (Wenn wir jeder Schublade maximal drei Einwohner andichten, können wir nämlich maximal 600.000 Amsterdamer auf die 200.000 Schubladen verteilen).

Hieraus folgt natürlich *nicht*, dass in Amsterdam sicher jemand wohnt, der genauso viele Haare hat wie du! Und auch sind es nicht per se immer dieselben Menschen, die gleichviele Haare auf dem Kopf haben: Die Anzahl der Haare auf einem Kopf verändert sich, wenn Haare ausfallen. Aber wir wissen schon sicher, dass es in jedem Augenblick vier Amsterdamer mit genau gleichvielen Haaren gibt, auch wenn wir nicht wissen, wer sie sind.

Rätsel Weg mit diesen Insekten!

In dem schönen Garten von 5×5 Feldern auf der folgenden Abbildung landen immer unangenehme Insekten. Jedes Insekt ist dreimal ein Feld groß.

Zum Glück hast du eine Schachtel insektenabhaltende Kerzen gekauft. Wenn du so eine Kerze auf ein Feld stellst, dann werden da keine Insekten mehr landen. Leider sind die Kerzen nicht so stark und die Insekten setzen sich noch fröhlich auf ein anderes Feld neben der Kerze. Insekten landen lediglich ordentlich innerhalb der Felder, sie können nicht schräg liegen.

Wie viele Kerzen brauchst du mindestens, um dafür zu sorgen, dass nirgendwo in deinem Garten ein Insekt landen kann? Und kannst du beweisen, dass das die beste Lösung ist?
(Die Lösung steht am Ende dieses Buches.)

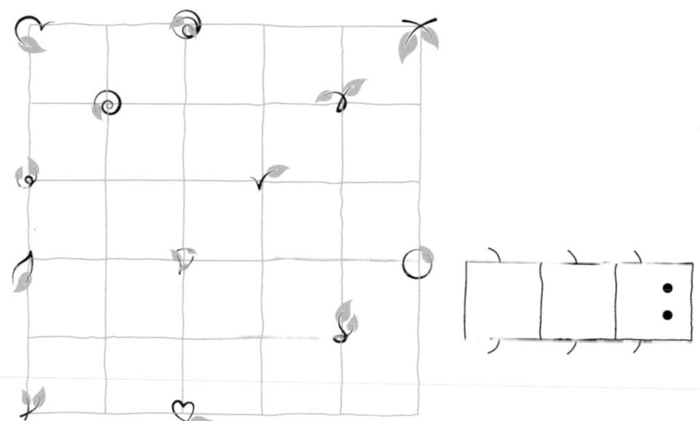

Buchtipp Die Leier des Pythagoras: Gedichte aus mathematischen Gründen

Kannst du dir unterschiedlichere Bücher vorstellen als ein Mathematikbuch und einen Gedichtband? Alfred Schreiber zeigt in *Die Leier des Pythagoras: Gedichte aus mathematischen Gründen*, dass man trotzdem beide Themen in einem Buch vereinen kann. Er versammelt darin 130 mathematische Gedichte verschiedener Autoren, die er nach Themen wie „Zählen und Zahl", „Orte der Geometrie" oder „Anzahl, Unzahl und Unendlich" gliedert. Ein Muss für jeden Mathematik- und Literaturfreund!

Alfred Schreiber, **Die Leier des Pythagoras: Gedichte aus mathematischen Gründen.** Wiesbaden: Vieweg+Teubner, 2009.

Beweise, die misslingen

Vor zwei Jahren arbeitete ich hart an der Vollendung meiner Dissertation. Während ich schon darüber fantasierte, was ich bei der Verteidigung anziehen würde, entdeckte ich in einem meiner Artikel einen Fehler. Dieser Fehler saß natürlich im allerersten Satz, wodurch der Rest des Artikels wie ein Kartenhaus in sich zusammenfiel. Ein paar Tage verkroch ich mich heulend unter meiner Bettdecke. Ich überlegte, meine Karriere als Mathematikerin an den Nagel zu hängen und in einer Sauna auf einer der friesischen Inseln anzufangen. Meine Doktorväter holten mich aus dem Loch und versicherten mir, dass jeder Mathematiker diese Art Rückschläge hatte (wenngleich sich nicht jeder heulend unter der Bettdecke verkroch).

Ich dachte an Andrew Wiles. Wie musste er sich gefühlt haben? Gut und gerne sieben Jahre arbeitete er an einem einzigen Beweis und dann schien darin ein Fehler zu sein. Wiles hörte als Kind vom Großen Fermat'schen Satz, der besagt: Wenn n eine ganze Zahl größer als 2 ist, dann gibt es keine positiven ganzen Zahlen x, y und z, sodass $x^n + y^n = z^n$. Mathematiker und Quälgeist Pierre de Fermat schrieb um 1630 auf den Rand eines Buches, dass er einen schönen Beweis für diese Behauptung gefunden hatte, aber dass dieser Beweis nicht auf den Seitenrand passte. Hunderte Jahre lang probierten berühmte Mathematiker und Amateure, einen Beweis zu finden. Es wurden große Preise ausgesetzt und kleine Ergebnisse erlangt, aber von einem allgemeinen Beweis konnte keine Rede sein.

Der britische Mathematiker Andrew Wiles beschloss 1986, alles auf eine Karte zu setzen, um diesen Satz zu beweisen. Er erzählte seiner Frau ein paar Tage nach ihrer Hochzeit, dass er nur Zeit für zwei Dinge habe: seine Familie und diesen Satz. Die Jahre danach arbeitete er vollkommen im Geheimen und in aller Einsamkeit an seinem Beweis. Erst als er nach fast sechs Jahren die Details beinah abgerundet hatte, zog er zwei Kollegen in sein Vertrauen. Im Juni 1993 präsentierte Wiles seinen Beweis in einer Reihe von Vorlesungen. Die mathematische Welt stand Kopf und die Neuigkeit schaffte es auf die Titelseiten auf der ganzen Welt.

Während Wiles in Champagner badete (nun ja, das stelle ich mir so vor), überprüften Fachleute jeden Schritt. Nach ein paar Monaten entdeckte jemand einen subtilen Fehler. Durch diesen einen kleinen Fehler stürzte der gesamte Beweis in sich zusammen. Wiles probierte, die entstandene Lücke in dem Beweis zu schließen, während die ganze mathematische Welt auf seine Finger schaute. Ein paar Kollegen probierten ihm vergeblich zu helfen. Im September 1994 (es musste ein ungemütliches Jahr für Frau Wiles gewesen sein) beschloss er, noch einen letzten Versuch zu wagen. Auf einmal sah er eine Lösung. Als Wiles später in der Dokumentation *Fermat's*

Last Theorem über diese Einsicht erzählte, stiegen ihm die Tränen in die Augen. Das war der wichtigste Moment in seinem Arbeitsleben.

Genau wie Andrew Wiles biss ich die Zähne zusammen, arbeitete hart, um meine Beweise rund zu kriegen, und habe schlussendlich ein halbes Jahr später promoviert. Auch wenn meine Ergebnisse etwas weniger wichtig waren als die von Wiles und mein Talent etwas kleiner ist, die Momente glückseliger Erkenntnis waren es die Mühe wert, weiterzumachen.

Ionica

Filmtipp Fermat's Last Theorem

In dieser wunderbaren Dokumentation von Simon Singh blicken Andew Wiles und andere Mathematiker auf das Zustandekommen des Beweises des Großen Fermat'schen Satzes zurück. Mit Metaphern und Animationen werden die komplexen mathematischen Ideen erklärt. Aber das Schönste sind die Tränen in den Augen von Andrew Wiles, wenn er über den Moment erzählt, in dem er plötzlich die Lösung sah.

Simon Singh, **Fermat's Last Theorem.** BBC Horizon, 1996. Online auf Youtube zu sehen.

Die Goldbach'sche Vermutung

Es gibt mathematische Probleme, die besonders leicht zu formulieren sind, aber sehr schwer zu lösen. Ein bekanntes Beispiel ist die Goldbach'sche Vermutung, von der wir noch immer nicht wissen, ob sie stimmt.

Der Mathematiker Christian Goldbach (1690-1764) beschäftigte sich vor allem mit Zahlentheorie. Er korrespondierte mit dem viel berühmteren mathematischen Tausendsassa Leonard Euler (1707-1783). In einem dieser Briefe aus dem Jahr 1742 formulierte Goldbach die Vermutung, die in modernen Termen auf die folgende Behauptung hinausläuft: Jede gerade Zahl größer als zwei ist die Summe zweier Primzahlen.

Diese Behauptung klingt einfach, aber dennoch ist es niemandem geglückt, diese Vermutung zu beweisen. Für spezielle gerade Zahlen ist es nicht so schwer, passende Primzahlen zu finden, $16 = 11 + 5$ und $2012 = 1999 + 13$, um nur ein Beispiel zu nennen. Und man kann natürlich probieren, alle geraden Zahlen der Reihe nach als Summe zweier Primzahlen zu schreiben, aber es bleiben dann immer unendlich viele Zahlen, für die man es nicht kontrolliert hat.

Die Vermutung wurde ja schon für unglaublich viele Zahlen nachgerechnet: Inzwischen sind alle geraden Zahlen von 4 bis 4×10^{18} überprüft und diese kann man tatsächlich alle als Summe zweier Primzahlen schreiben. Das liefert natürlich keine Garantie dafür, dass es auch für alle Zahlen größer als 4×10^{18} gilt, wie eindrucksvoll diese Zehnerpotenz auch aussehen mag. Es könnte durchaus eine noch größere Zahl geben, die nicht die Summe zweier Primzahlen ist! Alle diese Kontrollen beweisen nämlich nichts über Zahlen, die nicht überprüft wurden.

Kontrollen allein sind nicht genug

Es gibt ein gutes Beispiel eines Problems, das sich auch um Primzahlen dreht und bei dem ähnliche Kontrollen irgendwie irreführend waren, auch wenn sie bis zu sehr großen Zahlen gingen. Carl Friedrich Gauß (1777-1855) fragte sich: Nimm an, dass du eine große Zahl N hast. Wie viele Primzahlen gibt es, die kleiner sind als N? Er gab eine Schätzung für diese Anzahl in Termen von N. Gauss dachte, dass sie immer besser wurde, je größer N wurde, und das ist tatsächlich der Fall. Aber er dachte auch, dass seine Schätzung immer zu groß wäre. In den Tabellen sah es tatsächlich danach aus und sogar bis zu sehr großen Zahlen stimmt es. Aber 1912 bewies John Edensor Littlewood (1885-1977), dass Gauß' Schätzung manchmal doch zu niedrig ausfiel. Das erste Mal, dass das passiert, ist jedoch erst nach einer Zahl, die größer ist als die Anzahl der Atome im wahrnehmbaren Universum!

Hoffen wir also vor allem auf einen echten Beweis der Goldbach'schen Vermutung, denn Kontrollieren allein reicht nicht aus. Es sei denn, wir entdecken eines Tages, dass die Vermutung nicht wahr ist, indem wir – genau wie Littlewood – ein Gegenbeispiel finden: eine sehr große gerade Zahl, die nicht die Summe zweier Primzahlen ist. Wer weiß…

Auf wie viele Arten?

Viele der kontrollierten geraden Zahlen können nicht auf eine, sondern auf verschiedene Weisen als die Summe zweier Primzahlen geschrieben werden.

In dieser Grafik siehst du die Anzahl der Arten, auf die eine gerade Zahl als Summe zweier Primzahlen geschrieben werden kann. Du siehst, dass das global gesehen für größere Zahlen auf immer mehr Weisen geht. Aber das ist natürlich noch immer kein Beweis, dass es immer funktioniert!

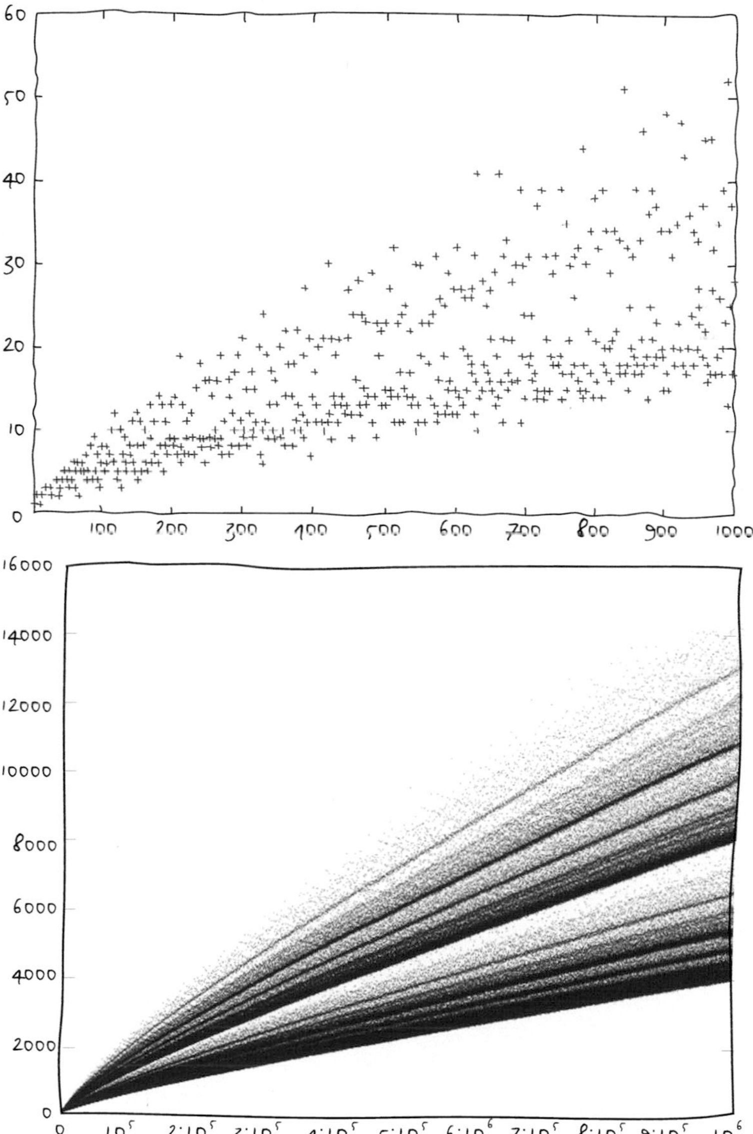

Buchtipp Onkel Petros und die Goldbachsche Vermutung

Onkel Petros ist das schwarze Schaf der Familie, aber die Hauptperson dieses Romans, sein Neffe, entdeckt erst nach einiger Zeit, warum: Sein Onkel hat sein Leben an einem misslungenen Versuch, die Goldbach'sche Vermutung zu beweisen, verschwendet. Als der Neffe seinem Onkel mitteilt, dass er Mathematik studieren möchte, gibt dieser ihm die folgende Aufgabe mit: Beweise, dass man jede gerade Zahl größer als 2 als die Summe zweier Primzahlen schreiben kann. Aber der Neffe weiß nicht, dass dies die berüchtigte Goldbach'sche Vermutung ist…

Doxiadis zeichnet ein wenig rosiges Bild der mathematischen Welt. Demnach werden Mathematiker nicht durch ein Verlangen nach Wahrheit, sondern durch Eitelkeit und Ambition angetrieben. Ein wichtiger Aspekt davon ist die Abkehr vom Mittelmaß. Das gilt in besonderer Weise für Onkel Petros, der sich sogar weigert, etwas von seinen Zwischenergebnissen bekannt zu machen, weil er Angst hat, dass jemand seine Entdeckungen mit der Goldbach'schen Vermutung in Beziehung bringen wird und sie eher beweist als er selbst. Er will herausragen und kann sich nicht mit einem Leben als mittelmäßiger Mathematiker zufriedengeben. Darum sieht er auch für seinen Neffen keine Zukunft in dem Fach: Dem fehlt es an ausreichendem Talent.

Onkel Petros ängstigte sich zu Tode darüber, dass er älter wird und seine mathematischen Fähigkeiten verloren gehen. Er will jede Minute für seine Forschung nutzen. In den Augenblicken, in denen seine Forschung ihn an den Rand der Überanstrengung bringt (oder darüber hinaus), bekommt er sogar Albträume von Zahlen!

Eine Geschichte, aus der deutlich hervorgeht, wie faszinierend, aber auch wie frustrierend ein ungelöstes Problem sein kann.

Apostolis Doxiadis, **Onkel Petros und die Goldbachsche Vermutung.** Bergisch-Gladbach: Lübbe, 2001.

Lösungen

1 Zahlenfolgen und Tapeten: Muster

Seite 3: Was gehört nicht dazu?

Natürlich gehört das pinke Quadrat nicht dazu, denn das ist das Einzige in Pink! Oder warte mal, vielleicht gehört der Kreis nicht dazu, denn alle anderen Formen sind Vierecke. Aber das zweite von links hat als Einziges keinen Rand und das äußerste Viereck rechts ist klein.

Kurz gesagt: Das erste Viereck gehört nicht dazu, denn das hat genau als Einziges nichts Skurriles. Und das ist besonders.

Seite 7: Zufällige Muster

Das erste Muster ist mithilfe eines zuverlässigen Zufallsgenerators von random.org erstellt worden (der Gebrauch von kosmischen Hintergrundgeräuschen macht). Das zweite Muster haben wir selbst erstellt. Du siehst, dass in dem echten beliebigen Muster die Nullen und Einsen viel weniger ordentlich verteilt sind: In der vierten Spalte stehen beispielsweise neun Nullen und eine einsame Eins. Bei wirklich zufälligen Mustern sieht man nahezu immer diese Art von Anhäufungen.

Seite 18: Symmetrie

Wenn wir den Fragen im Flussdiagramm folgen, finden wir die folgende Route. Kleinster Drehwinkel: keiner. Gibt es eine Spiegelung? Nein. Gibt es eine Gleitspiegelung? Nein. Also ist die Antwort p1. (Wenn du nur auf die Formen geachtet hast und nicht auf die unterschiedlichen Grüntöne, dann verläuft die Route anders. Kleinster Drehwinkel: 180 Grad. Gibt es eine Spiegelung? Ja. Gibt es senkrechte Spiegelachsen? Ja. Gibt es Rotationszentren, die nicht auf einer Spiegelachse liegen? Nein. Also ist die Antwort pmm.)

J. Daems, I. Smeets, *Mit den Mathemädels durch die Welt*,
DOI 10.1007/978-3-662-48099-1

2 Von π bis zu einer Trillion: Zahlen

Seite 30: Große Zahlen

a) $4^{(4^4)}$ ist am größten, das ist nämlich ungefähr $1{,}34 \cdot 10^{154}$. Das ist ungefähr die Anzahl der Atome im kompletten Weltall – im Quadrat!
b) Egal, welche Zahl du aufgeschrieben hast, wir nehmen dieselbe Zahl +1!

3 Kugeln und Polyeder: Geometrie

Seite 42: Seil um die Erde

Die richtige Antwort ist, dass das Seil ungefähr 16 cm über dem Boden ist, es passt also eine Katze darunter! Mehr noch: Es macht für die Berechnung gar nichts aus, wie groß die Erde ist. Wenn man mit einem Seil um eine beliebige Kugel beginnt (so klein wie ein Tischtennisball oder so groß wie der Saturn) und man genau einen Meter Seil hinzufügt, dann ist das Seil immer 16 cm über der Oberfläche.

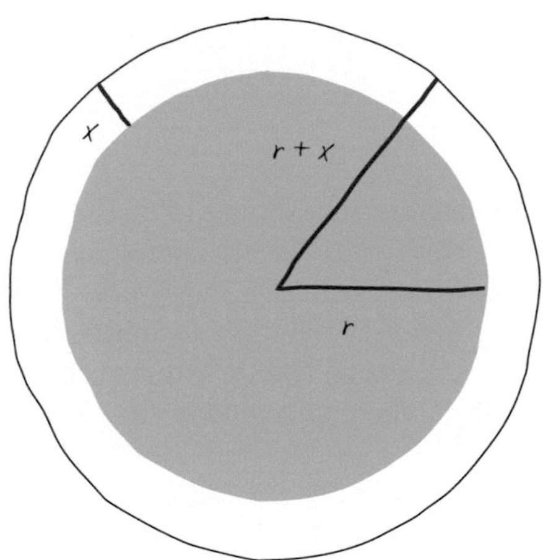

Beginne mit einer grünen Kugel mit dem Radius r und nenne das Stück Radius, das dank des zusätzlichen Meters Seil dazukommt, x. Auf dem Bild hier siehst du den Querschnitt. Wir schauen auf den Umfang der Kreise, die du da siehst.

Der Umfang des grünen Kreises ist natürlich $2\pi r$. Der Umfang des weißen Kreises hat einen Meter Seil zusätzlich, also ist dieser Umfang $2\pi r + 1$ Meter. Aber wir können den Umfang des weißen Kreises auch als $2\pi(r+x) = 2\pi r + 2\pi x$ schreiben.

Also 1 Meter = $2\pi x$ und wir finden $x \approx 16$ cm.

Seite 42: Der Euler'sche Polyedersatz

	Anzahl der Flächen	Anzahl der Kanten	Anzahl der Ecken	Anzahl der Flächen - Anzahl der Kanten + Anzahl der Ecken
Würfel	6	12	8	$6-12+8=2$
Fußball	32	90	60	$32-90+60=2$
Balken	6	12	8	$6-12+8=2$
Pyramide*	5	8	5	$5-8+5=2$

*Diese Zahlen gelten für eine Pyramie mit einer viereckigen Grundfläche. Wenn du eine Pyramide mit einem Dreieck oder Fünfeck oder einem anderen Vieleck als Grundfläche genommen hast, sehen die Zahlen anders aus. Wenn die Grundfläche ein n-Eck ist, ist die Anzahl der Flächen $n+1$, die Anzahl der Kanten $2n$ und die Anzahl der Ecken $n+1$, also kommt in die letzte Spalte dann $(n+1)–2n+(n+1)=2$.

4 Geschenke und Vermittler: Liebe und Freundschaft

Seite 68: Das Black-path-Spiel

Der erste Spieler kann immer gewinnen, wenn das Spielfeld aus einer geraden Anzahl an Kästchen besteht. Er teilt in Gedanken das Spielfeld in 2×1 Dominosteine auf, dabei ist egal, wie. So zum Beispiel.

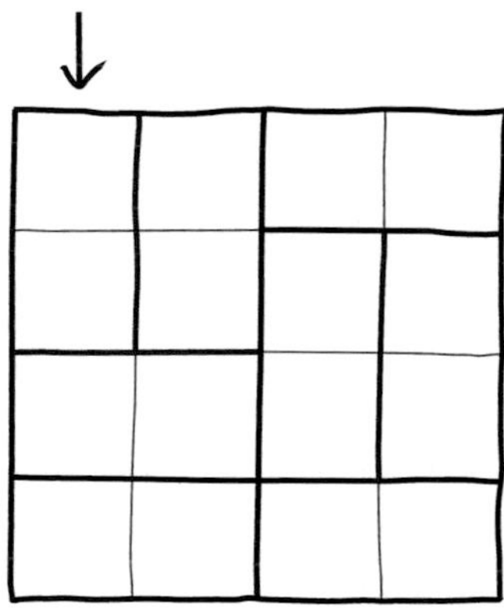

Jedes Mal, wenn er setzen muss, sorgt er dafür, dass der Weg in der Mitte eines Dominosteins endet. So kann er nie von dem Spielfeld abkommen! Bei einem Spielfeld mit einer ungeraden Anzahl an Kästchen kann der zweite Spieler immer gewinnen, indem er das Spielfeld ohne das Anfangskästchen in Dominosteine teilt.

Seite 73: Der Heiratssatz von Hall

Frage 1: Die vier Frauen F_2, F_4, F_5 und F_6 finden zusammen nur die drei Männer M_2, M_4 und M_5 nett. Die Bedingung ist also für $k = 4$ nicht erfüllt, denn es gibt eine Gruppe von vier Frauen, die weniger als vier Männer nett findet.
Frage 2: Es sind verschiedene Koppelungen möglich, zum Beispiel F_1 mit M_2, F_2 mit M_5, F_3 mit M_1, F_4 mit M_4, F_5 mit M_3 und F_6 mit M_6.

5 Tricks und Zahlensysteme: Rechnen

Seite 82: Messen ist Wissen

1. c 2. a 3. b 4. d 5. a

Seite 88: Kreuzwortzahlenrätsel

[1] 3		[2] 5	7	[3] 6	0
[4] 7	[5] 2	9		7	
	2		[6] 1	2	[7] 1
	[8] 1	4	6	4	1
[9] 2	3		[10] 1	0	0
8		[11] 1	9	0	1

6 Warum man nie im Lotto gewinnt: Wahrscheinlichkeiten

Seite 101: Eine Möglichkeit, freizukommen

Zuallererst müssen sich die Gefangenen vorab eine beliebige Art überlegen, die 100 Kästchen mit ihren 100 eigenen Namen zu verbinden. Es ist wichtig, das irgendwie beliebig zu tun, sodass der Gefägnisdirektor auf keine einzige Weise ihre hier beschriebene Strategie verderben kann.

Danach macht jeder Gefangene dasselbe: Wenn er hineinkommt, öffnet er als Erstes die Kiste, die zu seinem Namen gehört. Danach schaut er in das Kästchen, das zu dem Namen gehört, den er in der ersten Schachtel gesehen hat. Dann öffnet er die Kiste mit dem Namen aus der zweiten Kiste und so weiter, bis er seinen eigenen Namen findet oder bis er 50 Schachteln geöffnet hat.

Warum diese Strategie?

Wie die Namen auf die Kästchen verteilt sind, ist eine beliebige Permutation (Umstellung) von 100 Namen. Jeder Gefangene folgt einem Zykel (Kreis) dieser Permutation. Wenn dieser nicht länger ist als das Limit von 50 Kästchen, dann endet der Zykel genau bei einem Papierstück mit seinem eigenen Namen. Wenn die Permutation der Namen über die Kästchen keinen Zykel von mehr als 50 Schritten Länge enthält, dann sollten alle Gefangenen ihren eigenen Namen finden.
Die Wahrscheinlichkeit, dass eine Permutation von 100 Elementen kein Zykel von mehr als 50 Schritten besitzt, ist 31,18% (es ist nicht ganz trivial, das ordentlich auszurechnen). Die Erfolgswahrscheinlichkeit dieser Strategie liegt also bei mehr als 30%.
Es ist inzwischen auch bewiesen, dass es keine bessere Lösung gibt, also ist es das, was die Gefangenen tun müssen. Auch hier ist es also praktisch, etwas über Mathematik zu wissen.

7 Codes und kürzeste Wege: Schlaue Ideen

Seite 129: Landkarte einfärben

Jahrhundertelang vermuteten Mathematiker und Kartografen, dass vier Farben genügen, um jede „ordentliche" Landkarte (wobei Länder immer aus einem einzigen Stück bestehen) einzufärben. 1975 veröffentliche Martin Gardner als Aprilscherz eine Karte, von der er behauptete, dass man dafür fünf Farben benötigen würde (unser Rätsel sieht ein bisschen so aus wie diese Karte). Natürlich war jene Karte, wenn man sein Bestes gab, auch einfach mit vier Farben zu gestalten! 1976 gelang es Kenneth Appel und Wolfgang Haken mithilfe des Computers endlich einen allgemeinen Beweis zu geben, dass vier Farben wirklich immer genug sind.

8 Jetzt lüge ich: Paradoxien und Beweise

Seite 135: Krach auf einer Insel

Am 100. Tag nach der Mitteilung des Besuchers werden alle Inselbewohner mit blauen Augen Selbstmord begehen. Um das zu verstehen, ist es am einfachsten, erst einmal nach Beispielen mit weniger Blauäugigen zu schauen.

Wenn nur eine einzige Person mit blauen Augen auf der Insel wohnte, wird sie wissen, dass der Besucher nur ihn meinen kann. Er sieht ja, dass die anderen alle braune Augen haben. Also wird dieser arme blauäugige Mann am ersten Tag nach der Mitteilung Selbstmord begehen.

Wenn zwei Menschen mit blauen Augen auf der Insel wohnen, scheint der Besucher ihnen nichts Neues zu erzählen. Sie wissen jeder schon, dass es jemanden mit blauen Augen gibt. Sie können sich jedoch denken, dass, wenn sie selbst braune Augen haben, der andere am folgenden Tag Selbstmord begehen wird (denn das ist der Fall oben). Wenn am ersten Tag nach der Mitteilung nichts passiert, dann ist für diese zwei blauäugigen Bewohner nur eine einzige Schlussfolgerung möglich: Sie haben selbst blaue Augen. Also werden in diesem Fall beide Blauäugigen am zweiten Tag Selbstmord begehen.

So kannst du weitermachen: Bei drei Bewohnern mit blauen Augen können die Blauäugigen nach dem zweiten Tag schlussfolgern, dass sie selbst blaue Augen haben (sonst wären die anderen beiden ja mit dem rituellen Schwert auf den Dorfplatz gezogen). Also werden sie am dritten Tag Selbstmord begehen.

Und so weiter: Die 100 Blauäugigen auf der Insel sehen am 99. Tag, dass nichts passiert, und werden dann am 100. Tag alle gleichzeitig Selbstmord begehen.

Der Besucher fügt mit seiner Bemerkung nämlich neue Informationen hinzu. Vor seinem Besuch weiß jeder Bewohner, dass es mindestens 99 Bewohner mit blauen Augen gibt, und jeder Bewohner weiß auch, dass alle anderen wissen, dass es mindestens 98 Blauäugige gibt, und jeder Bewohner weiß außerdem, dass alle anderen wissen, dass alle anderen wissen, dass es mindestens 97 Blauäugige gibt und so weiter. Der Besucher fügt den entscheidenen 100. Schritt hinzu von „was jeder weiß, dass jeder weiß".

Seite 145: Weg mit diesen Insekten

Mit ein wenig Ausprobieren findest du fix eine Lösung mit acht Kerzen, zum Beispiel diese:

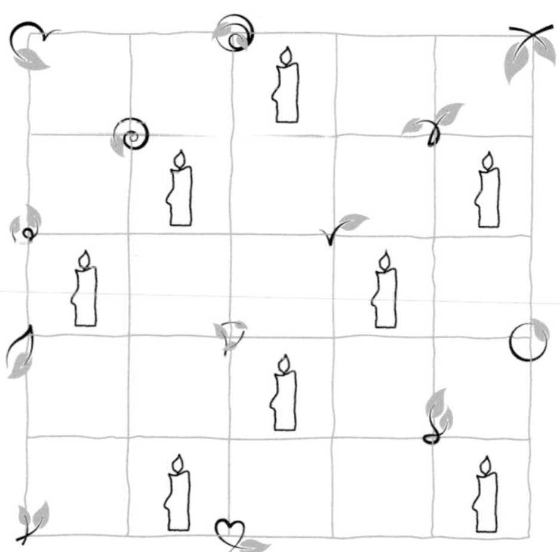

Du kommst also in jedem Fall mit acht Kerzen aus, aber können es auch weniger sein? Kann man nicht auch sieben Kerzen so aufstellen, dass kein Insekt in dem Garten landen kann?

Um zu beweisen, dass acht Kerzen die minimale Anzahl sind, die du benötigst, musst du bedenken, dass acht Insekten gleichzeitig in den Garten ohne Kerzen passen würden. Du brauchst pro Insekt mindestens eine Kerze, also gelingt es mit weniger als acht Kerzen nicht.

Glossar

ABC-Formel (oder p-q-Formel) Diese Formel gibt die Lösungen für eine Gleichung der Form

$$ax^2 + bx + c = 0$$

an. Diese sind nämlich

$$x = \frac{-b + \sqrt{b^2 - 4ac}}{2a} \quad \text{und} \quad x = \frac{-b - \sqrt{b^2 - 4ac}}{2a}.$$

Du kannst diese Formel auswendig lernen, aber es ist praktischer zu verstehen, wie du sie ableitest. Das geht so:

$$ax^2 + bx + c = 0.$$

Also

$$x^2 + \frac{bx}{a} = \frac{-c}{a}.$$

Und

$$\left(x + \frac{b}{2a}\right)^2 = \frac{-c}{a} + \left(\frac{b}{2a}\right)^2 = \frac{b^2 - 4ac}{4a^2}.$$

Wurzelziehen gibt als Lösungen

$$x + \frac{b}{2a} = \sqrt{\frac{b^2 - 4ac}{4a^2}} \quad \text{und} \quad x + \frac{b}{2a} = -\sqrt{\frac{b^2 - 4ac}{4a^2}}.$$

Tatatata!

$$x = \frac{-b + \sqrt{b^2 - 4ac}}{2a} \quad \text{und} \quad x = \frac{-b - \sqrt{b^2 - 4ac}}{2a}.$$

Im Deutschen ist die Formel als p-q-Formel bekannt. Hierbei löst man Gleichungen der Form

$$x^2 + px + q = 0.$$

Mit $a = 1$, $b = p$ und $c = q$ erhält man die Lösungen

$$x_{1/2} = -\frac{p}{2} \pm \sqrt{\left(\frac{p}{2}\right)^2 - q}.$$

Axiom Es gibt Wahrheiten, die so wahr sind, dass Mathematiker sie für gute Startpunkte halten. Man muss schließlich irgendwo anfangen, wenn man etwas beweisen will. So ein Anfangspunkt heißt „Axiom". Axiome können selbst nicht bewiesen werden, sind aber meist sehr selbsterklärend. Der alte Grieche Euklid (ca. 300 v. Chr.) wählte als Axiome zum Beispiel Aussagen wie: „Jedes Paar Punkte kann durch eine gerade Linie miteinander verbunden werden" oder „Was demselben gleich ist, ist auch einander gleich."

Ein schwierigeres Beispiel ist das Auswahlaxiom, das besagt, dass man bei einer unendlichen Anzahl gegebener nicht-leerer Mengen immer aus jeder Menge genau ein Element auswählen kann. Weil die Annahme des Auswahlaxioms ein paar bizarre Konsequenzen hat (siehe beispielsweise das Banach-Tarski-Paradoxon auf Seite 136), ist es ein kontrovers diskutiertes Axiom, aber die meisten Mathematiker gebrauchen es.

Beweis Ein Beweis ist ein unwiderlegbares Argument, das zeigt, dass eine bestimmte Behauptung wahr ist. So ein Beweis verwendet Logik und geht von Behauptungen aus, von denen wir schon sicher wissen, dass sie wahr sind (Behauptungen, die schon früher bewiesen wurden, und Axiome). Eine Behauptung, die bewiesen ist, heißt danach ein „Satz".

Gewinnstrategie Ein Spiel hat eine Gewinnstrategie, wenn einer der Spieler unabhängig davon, was der andere Spieler macht, gewinnen kann. Es macht also nichts aus, ob der eine oder andere die klügste Person der Welt ist, gegen die Gewinnstrategie kann man als Gegner nichts machen.

Graph Ein Graph ist eine schematische Art, Informationen wiederzugeben, und besteht aus einer Anzahl Punkten (oft Knoten genannt) und Linien dazwischen (manchmal Kanten genannt). Die Knoten können beispielsweise Städte sein und die Linien die direkten Wege zwischen den Städten. Oder die Knoten sind Menschen und die Linien geben an, welche Menschen sich kennen.

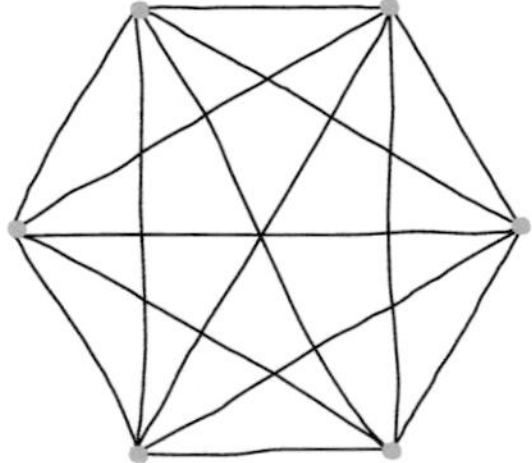

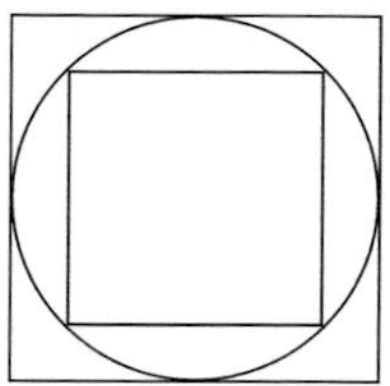

In- und umbeschriebene Vielecke eines Kreises Ein Vieleck ist ein inbeschriebenes Vieleck eines Kreises, wenn es genau in den Kreis passt bzw. wenn die Eckpunkte des Vielecks auf dem Kreis liegen. Ein Vieleck heißt ein umbeschriebenes Vieleck eines Kreises, wenn es genau um den Kreis herum passt bzw. wenn der Kreis die Seiten des Vielecks berührt.

Modell In einem mathematischen Modell wird ein Problem derartig vereinfacht, dass man es mit (jawohl!) Mathematik analysieren kann. Unwichtige Details werden weggelassen und Annahmen machen das Problem übersichtlich. Das Modell kann so lange angepasst werden, bis es hinreichend mit der Wirklichkeit übereinstimmt.

Normalverteilung Eine Verteilung gibt an, wie Wahrscheinlichkeiten auf bestimmte Ereignisse verteilt sind. Es gibt mehr als eine Normalverteilung: Die genaue Form wird durch den Durchschnitt und die Standardabweichung (die angibt, wie viel die Ergebnisse von dem Durchschnitt abweichen) festgelegt. Die Wahrscheinlichkeitsdichte der Normalverteilung mit Durchschnitt μ und Standardabweichung σ hat die folgende Form:

$$f(x) = \frac{1}{\sigma\sqrt{2\pi}} e^{-\frac{1}{2}\left(\frac{x-\mu}{\sigma}\right)^2}$$

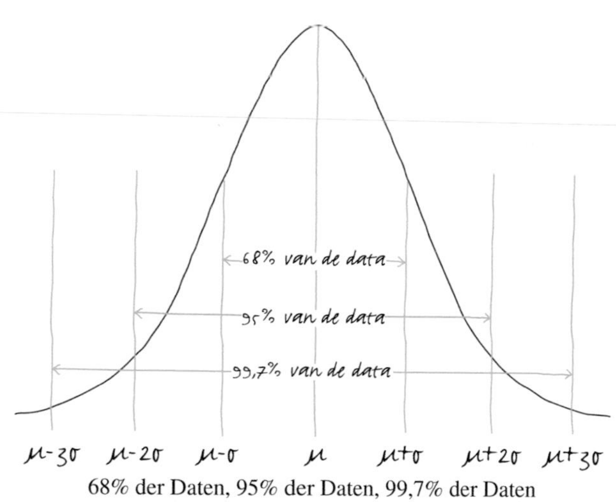

68% der Daten, 95% der Daten, 99,7% der Daten

Die Grafik der Normalverteilung sieht ein bisschen so aus wie eine Glocke: Der Durchschnitt hat die größte Wahrscheinlichkeit. Weiter ist die Grafik symmetrisch: Die Wahrscheinlichkeit, dass man mehr als 37% über dem Durchschnitt liegt, ist genauso groß wie die Wahrscheinlichkeit, dass man mehr als 37% unter dem Durchschnitt liegt.

π (Pi) Die Konstante π ist definiert als der Umfang eines Kreises geteilt durch seinen Durchmesser und hat einen Wert von ungefähr 3,14.

Primzahl Eine Primzahl ist eine Zahl, die keine anderen Teiler als 1 und sich selbst hat. Die Zahl 1 ist aus technischen Gründen keine Primzahl. Die ersten Primzahlen sind also 2, 3, 5, 7, 11, 13, 17 und 19. Es gibt unendlich viele Primzahlen und unser Favorit ist im Moment

$$313997197378663471139144865157726948589175941912293874459$$
$$18776569257897479749143194228896113739397 31.$$

Satz Eine mathematische Behauptung, die bewiesen ist (siehe „Beweis").

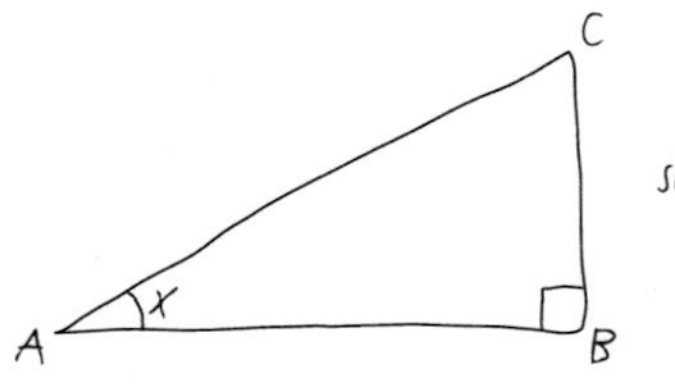

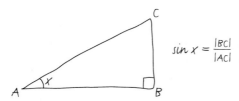

Sinus In einem rechtwinkligen Dreieck ist der Sinus eines Winkels gleich die Gegenkathete (gegenüberliegende Seite) des Winkels geteilt durch die Hypotenuse. Der Sinus als Funktion eines Winkels folgt einer Wellenbewegung.

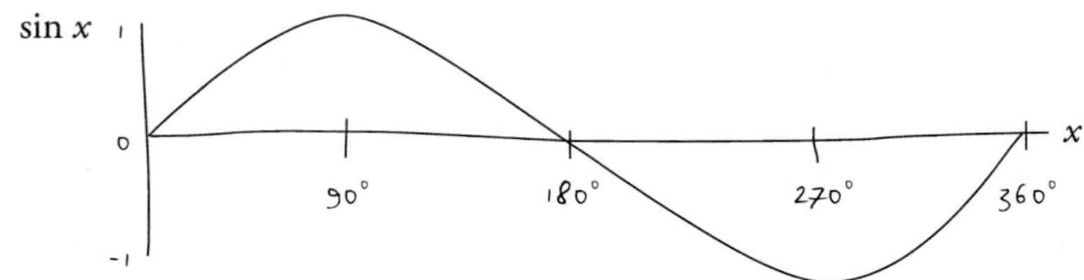

Vermutung Eine Vermutung ist eine mathematische Behauptung, von der man denkt (oder meist: von der viele Mathematiker denken), dass sie wahr ist, ohne dass man dafür einen Beweis gefunden hat. Das Auffinden einer Vermutung ist ein wichtiger Schritt im Prozess der mathematischen Forschung: Man sieht ein Muster, man vermutet, dass es immer auftritt, und dafür sucht man dann einen Beweis. Manchmal gelingt es aber nicht, einen Beweis (oder eine Widerlegung) einer Behauptung zu finden, und dann kann so eine Vermutung berühmt werden. Berühmte Vermutungen sind die Goldbach'sche Vermutung, die Kepler'sche Vermutung und das Collatz-Problem.

Vieleck Vieleck ist der allgemeine Begriff, unter den Dreiecke, Quadrate, Vierecke, Fünfecke und so weiter fallen. Ein Vieleck ist also ein Stück der Fläche, die durch gerade Linien (die Seiten) umschlossen wird. Ein Vieleck heißt regelmäßig, wenn die Seiten alle gleich lang sind.

Vielflächner/Polyeder Ein Polyeder ist eine räumliche Figur, die durch Seitenflächen begrenzt ist, und diese Seitenflächen sind alles Vielecke. Berühmte Beispiele von Polyedern sind der Kubus, der Balken, die Pyramie, das Ikosaeder und so weiter.

Ein Vielflächner muss aus einem einzigen Stück bestehen: Er darf nicht heimlich aus zwei Teilen bestehen, die nur eine Kante oder eine Ecke gemeinsam haben. Siehe die folgende Abbildung.

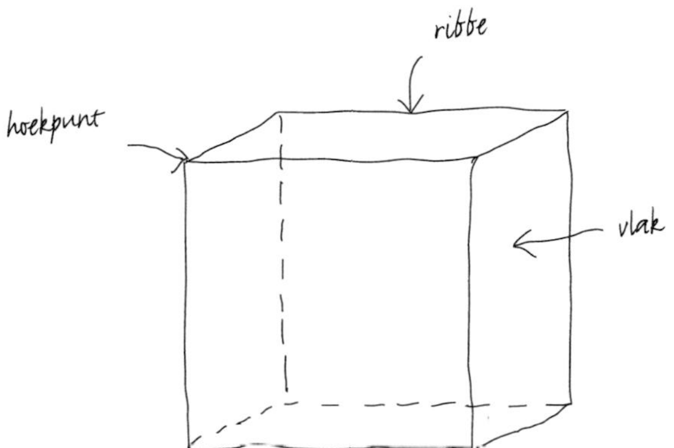

hoekpunt = Ecke, ribbe = Kante, vlak = Fläche

Wahrscheinlichkeit Es gibt verschiedene Arten zu definieren, was eine Wahrscheinlichkeit ist. Wir verwenden in diesem Buch die klassische Definition von Pierre-Simon Laplace (1749-1827). Die Wahrscheinlichkeit für ein Ereignis ist die Anzahl der Male, die dieses Ereignis vorkommt, geteilt durch die gesamte Anzahl der Versuche, wobei wir annehmen, dass jedes Ergebnis gleich wahrscheinlich ist. Eine Wahrscheinlichkeit liegt immer zwischen null und eins, man kann sie auch in einer Prozentangabe zwischen 0% und 100% ausdrücken. Wenn man einen Würfel wirft, dann ist die Wahrscheinlichkeit für eine gerade Zahl $\frac{3}{6}$ (oder $\frac{1}{2}$ oder 50%), weil drei der sechs möglichen Ergebnisse gerade sind.

Zahlensystem Ein Zahlensystem ist eine systematische Art, Zahlen aufzuschreiben. Wir rechnen im Dezimalsystem. Wenn man eine Zahl wie 1729 aufschreibt, bedeutet das: 1 Tausender, 7 Hunderter, 2 Zehner und 9 Einer bzw.:

$$1 \cdot 10^3 + 7 \cdot 10^2 + 2 \cdot 10^1 + 9 \cdot 10^0.$$

Der Wert einer Ziffer wird also durch ihre Position in der Zahl bestimmt. Darum heißt ein solches Zahlensystem ein Stellenwertsystem.

Die römischen Ziffern beispielsweise sind sehr wohl ein Zahlensystem, aber kein Stellenwertsystem, weil die I immer eine I bedeutet; für höhere Zahlen gibt es wieder neue Symbole (V, X, L und so weiter).

Anstelle von 10 kann man auch 2 als Grundzahl eines Zahlensystems nehmen. Dann erhält man ein Zweiersystem oder Binärsystem. Computer rechnen binär. Das Zahlensystem der alten Babylonier war 60-stellig.

Copyright

Einige Teile dieses Buchs sind Bearbeitungen von Artikeln, die zuvor in *de Volkskrant*, im *Technisch Weekblad*, in *Pythagoras* sowie auf www.wiskundemeisjes.nl erschienen sind. Das Rätsel *Was gehört nicht dazu?* (Seite 3) beruht auf einer Idee von Tanya Khovanova, *Fraktale kneten* (Seite 3) basiert auf einem Konzept von Evil Mad Scientist.

Für die Zeichnungen im Buch wurden Rechte beim Grafikstudio (Studio Jan de Boer; Egbert@studiojandeboer.nl) gekauft. Die Porträtbilder der Mathemädels machte Sijmen Hendriks. Das Copyright der Abbildungen, die nicht in der untenstehenden Liste aufgenommen sind, liegt bei den Mathemädels oder die Bilder sind lizenzfrei.

Die vier Buchtipps *So lügt man mit Statistik*, *Wahrscheinlich Mord. Mathematik im Zeugenstand*, *Vom Einmaleins zum Integral* und *Die Leier des Pythagoras: Gedichte aus mathematischen Gründen* wurden von den Übersetzern hinzugefügt, da die im Original vorgestellten Bücher nicht auf Deutsch erhältlich sind.

Kapitel 1
Fotos Seite 3 (Fraktale kneten): Evil Mad Scientist
Foto Seite 5: © photo: Nanne Huiges
Foto Seite 6: © photo: Sijmen Hendriks
Abbildung Seite 16: Jan van de Craats
Abbildung Seite 17: M.C. Escher's „Symmetry Drawing E55" © 2015 The M.C. Escher Company-The Netherlands. All rights reserved. www.mcescher.com

Kapitel 2
Foto Seite 6: © photo: Sijmen Hendriks
Foto Seite 27: ThinkGeek.com
Foto Seite 29 (und auf dem Foto): © photo: Lucassen
Abbildung Seite 31: Bild 7 aus *Insects, Their Way and Means of Living*, R.E. Snodgrass.
Foto Seite 32: Sannydezoete.nl

Kapitel 3
Abbildung Seite 41: Lars H. Rohwedder, Sarregouset
Foto Seite 41: © photo: Camiel Koomen
Fotos Seite 53: Gerard van Hees
Foto Seite 59: Author: George M. Bergman, Quelle: Archives of the Mathematisches Forschungsinstitut Oberwolfach.

Kapitel 5
Buchcover Seite 92: © 2003 Patmos Verlag, Bibliographisches Institut GmbH, Berlin.
Foto Seite 93: © picture alliance / ANP

Kapitel 6
Abbildung Seite 104: Dordrecht, Dordrechts Museum

Kapitel 7
Foto Seite 117 und 118: Gerard van Hees
Foto Seite 126: Photograph taken by Lettice Ramsey. Reproduced by kind permission of her grandson Stephen Burch

Kapitel 8
Fotos Seite 139: Tilman Andris, Topologisch Schillen, *Pythagoras*, Jahrgang 48, Nummer 2, November 2008, S. 16-17
Foto Seite 147: © PROFESSOR PETER GODDARD / SPL / Agentur Focus

Index

Printed in the United States
By Bookmasters